18 岁以后懂点博弈术

张笑恒　编著

北京工业大学出版社

图书在版编目（CIP）数据

18岁以后懂点博弈术 / 张笑恒编著. —北京：
北京工业大学出版社，2011.10（2019.9重印）

ISBN 978-7-5639-2841-5

Ⅰ.①1… Ⅱ.①张… Ⅲ.①人际关系学—通俗读物
Ⅳ.①C912.1-49

中国版本图书馆 CIP 数据核字（2011）第 189635 号

18 岁以后懂点博弈术

编　　著：张笑恒

责任编辑：杨　青

封面设计：末末美书

出版发行：北京工业大学出版社

（北京市朝阳区平乐园 100 号　邮编：100124）

010-67391722（传真）　bgdcbs@sina.com

出 版 人：郝　勇

经销单位：全国各地新华书店

承印单位：北京德富泰印务有限公司

开　　本：880mm×1230mm　1/32

印　　张：6

字　　数：130 千字

版　　次：2011 年 11 月第 1 版

印　　次：2019 年 9 月第 2 次印刷

标准书号：ISBN 978-7-5639-2841-5

定　　价：35.00 元

博弈论原本是一个数学概念，后来被广泛地应用于军事、经济等各个领域。所谓博弈，就是在某种具有对抗性和竞争性的状态下，双方各自使用不同的策略，以达到取胜的目的。

人生就处在大大小小的博弈中，想要拥有一个成功的人生，就必须懂得运用博弈策略。一位著名的经济学家曾经说过："要想在现代社会做一个有文化、有见解、有能力的人，就必须对博弈论有一个大致的了解。"

博弈论的核心就在于在博弈中采取最优的策略，用最小的付出获得最大的胜利。一个人如果不懂得博弈论，即使拥有再强的能力，也难以战胜他人。

人生犹如一场永无休止的博弈游戏，人与人之间的对抗和较量是不可避免的，因为每个人都有自私的心理，因此，这个世界始终处在对抗与较量之中。生活在这个世界上，我们就必须懂得在人生的发展过程中运用博弈论的原则处理身边的事情，否则，我们必然要在这个充满竞争的社会中失败。

我们身边的很多人都在和我们进行着各式各样的博弈，父母、恋人、朋友、老板、同事、商场对手……因为他们中的每个人都会对我们的人生产生影响。我们在不知不觉中与他们进行着博弈，在这个过程中，我们也多多少少地掌握了一些博弈的技巧。

不仅身边的人，就是我们自己，也是我们博弈的对象，而且是非常重要的博弈对象，毕竟对我们影响最大的还是我们自己。比如，当我们暴躁的时候，就会失去分寸，做事就会出现差错；相反，在心境平和的时候，我们往往能游刃有余地处理身边的事情。

因此，对博弈论基本原理和方法的系统掌握，能使我们在竞争中开阔决策思路、减少决策失误、提高决策效率，从而大大增加成功的机会。

既然博弈始终存在于我们的人生中，我们就要清晰地认识到博弈的重要性，采取最优的策略，最终成功地实现自己的人生理想与价值。

本书重点选取了绝大多数年轻人，尤其是职场和商场人士都会面对的10个方面的人生博弈，将博弈论的思维和策略融入其中，详细解答了如何才能在这10种博弈中取胜。相信阅读本书后，你将豁然开朗，对自己的人生有更加深入的认识和把握。

第一章

竞争对手之间的博弈：吃掉对方不等于壮大自己

囚徒困境：最精明的策略与最糟糕的结局　// 3

干掉对手不等于你死我活　// 5

想办法分化对手而不是消灭对手　// 8

合作才能共生　// 10

对手是促进自己的一种动力　// 12

将对手变成合作伙伴　// 15

想超过对手，就偷偷学他的"艺"　// 17

第二章

合伙人之间的博弈：如何实现个人利益最大化

猎鹿博弈：是合作得鹿还是独行吃兔　// 23

诚信来自重复博弈　// 25

与强者同行，你也会成为强者 //27

从"狼狈为奸"看合作之道 //29

互利互惠的"正和博弈" //32

坚持信任原则：合伙最忌相互猜疑 //34

第三章

老板与员工的博弈：在对立中求双赢

干得好就加薪和加了薪就好好干 //43

你有什么资源和你能给我什么资源 //45

你能给予什么样的环境和你能适应什么样的环境 //47

自己主动跳出来和老板怎么没看到我 //50

我在被老板利用和老板也在为员工打工 //52

第四章

进和退的博弈：进一步还是退一步都是为了赢

从斗鸡博弈到两败俱伤 //57

妥协——斗鸡博弈的精髓 //59

退是策略，进才是目的 //62

凡事且留三分余地 //64

争一步不如让一步，能屈能伸方为大丈夫 //66

半途而废有时是明智的选择 //69

功成身退，避免"兔死狗烹"的结局 //71

第五章

谈判双方的博弈：让不同利益目标融合的过程

想要多赢一点，开价时就要夸张一点 //77

"不同意就拉倒"的谈判策略 //79

不要轻易暴露自己的底牌 //82

保持威胁的可信性 //84

冷热水效应：借用冷热温差巧达目的 //86

牢记谈判的目的：不是我们卖，而是使之买 //88

把谈判拖延到最后一分钟 //91

第六章

买者与卖者的博弈：买的不如卖的精

信息资源占有量是市场交易的判决卡 //97

会员卡，是蜜糖还是毒药 //99

当心"看上去很美，但并不实用"的圈套 //101

你越是不卖，对方越是要买 //104

销售人员要能看透人心 //107

适时说出产品的缺点 //109

第七章

交际应酬博弈：教你瞬间掌控主动权

热情地打招呼可拉近彼此的距离 //115

想赢得好感，就把"我"换成"我们" // 117

让对方看到你的缺点 // 119

通过虚心向对方请教，化被动为主动 // 121

满足对方的优越感 // 124

不当众指责他人的过错 // 126

培养自己的幽默感，恰到好处地运用它 // 129

第八章

朋友之间的博弈：你对我好，我对你更好

你想朋友怎么对你，你就怎么对朋友 // 135

想让朋友替你考虑，要先替他考虑 // 137

真心才能换真心 // 139

不吝啬对朋友的关心 // 141

不求回报地帮助朋友，帮不上大忙帮小忙 // 143

帮助朋友也要讲技巧 // 145

第九章

生存博弈：强者未必是赢家，弱者未必是输家

枪手博弈：最有能力的不一定胜出，炮弹总是射向暴露的目标 //151

成功还要靠把握局势 // 152

学习弱小蜥蜴的生存智慧 // 155

故意示弱是制敌而非制于敌 // 157

三分才干弄得像十分，不如十分才干只显露三分　// 159

想要以弱胜强，用"田忌赛马"的法宝　// 162

后发制人，跟随也能取胜　// 164

第十章

选择博弈：向左还是向右

工作还是考研　// 169

去小公司还是去大公司　// 171

坚守还是跳槽　// 173

"生"还是"升"　// 176

做"鸡头"还是做"凤尾"　// 178

第一章

竞争对手之间的博弈：吃掉对方不等于壮大自己

从短期的利益争夺上来看，竞争对手之间是你死我活的关系，但是从长远的和获得更大利益的角度来看，对手亦是合作伙伴。因为你吞掉一个对手，还有更多对手站起来，坚持这种模式，你并不会因此而壮大。相反，如果能化敌为友，你们就能把蛋糕做大，到时，你的实力也将迅速壮大。

囚徒困境：最精明的策略与最糟糕的结局

两名犯罪嫌疑人同时被警方抓住，但是由于证据不足，并不能够指控他们。现在，他们两个人有三种选择：如果作证指控另外一个人，而对方保持沉默，就可以无罪释放，另一人则监禁十年；如果都保持沉默，两人都监禁一年；若两人互相指控，则都监禁八年。

由于两个人被隔绝监禁，并不知道对方的选择；即使他们能交谈，也不能确信对方不会反悔。于是，他们开始了一场心理博弈，都在心里开始假设：

如果对方保持沉默，我选择背叛，那么我就会获释放。

如果对方背叛指控我，我也要指控对方才能得到较低的刑期。

也就是说，不管对方选择背叛还是沉默，我都选择背叛，才能得到最大的利益。于是，二人都选择了背叛，相互指控，得到了最坏的结局——各服刑八年。正是他们自以为最精明的策略，给他们自己带来了最糟糕的结局。这是博弈论里最经典的例子之一——"囚徒困境"。

无论做什么事情，我们总是希望实现利益的最大化，所以，难免事先在心里盘算一番，但是聪明反被聪明误，有时候，最精明的策略未必就能够真正实现利益最大化。

因为很多时候，一些人只考虑到了自己的个人利益，而忽略了对方的利益，对方恰巧也有同样的想法，于是就出现了双输的最坏结果。

想要实现个人利益的最大化，就必须优先保证团体利益的最大化，这才是最高明的策略。只有让团体中的每一个人都能够得到想要的利益，才能保证个人利益的实现。否则，精明策略下的最大利益只能是梦幻泡影，永远也不可能成真。

从前，有两个非常虔诚的教徒结伴去圣山朝圣。他们风尘仆仆地赶了半个月的路，遇到了一位老者。老者说："为了感念你们的虔诚，你们可以各自许一个愿望，你们之中有一个人可以先许愿，然后愿望可以立刻实现；而另一个人就可以得到那个愿望两倍的东西。"

一时之间，两个人都没有说话，他们都在暗自盘算。第一个教徒想："这真是太好了，我正有想要实现的愿望呢。但是我不能先说出来，如果我先说出来，他就可以得到双倍的礼物，那我可就吃大亏了。"

另一个教徒也暗自忖度："一定要让他先说，这样我就可以获得双倍的礼物。"

两人都打定主意让对方先说，就互相谦让起来。"论年龄，你比我大，还是你先说吧。""不不，正因为我比你大，更应该让你先来说。""这一路上你都在让着我，这一次我应该让着你了。"

……

两个教徒推来推去，终究没有一个人愿意先说。他们变得越来越不耐烦，表面上的假客气也不要了。一个人说："要你讲你就讲，推什么推！"另一个人则说："为什么非要我先讲，我偏不！"

拖到最后，其中一个人生气了，大声地嚷嚷道："喂，你别不识好歹，你要再不快点许愿，我就打断你的腿。"

另外一个人听朋友这样说，自然也不肯相让，把心一横说道："好啊，你不仁，就别怪我不义。你让我先说，我就先说，我希望我的一只耳朵聋掉。"

就在一瞬间，他的一只耳朵再也听不到任何声音，而他的朋友则两只耳朵都聋了。

每个人都想通过博弈获得最大的利益，但如果你损害了对方的利益，对方当然也会以牙还牙，最终只能得到最坏的结果。

所以，在博弈的过程中，我们为了取得利益，必须保证他人利益的实现。如果容不下他人，或者是自私自利之心过重，那么双方必然不能同心协力地保证整体利益，个人的利益自然也就无法实现。可是现实中，每个人都喜欢打自己的小算盘，这也正是明明处在对各方都有利的状况下，由于不能精诚合作，最终导致坏结果出现的原因。

最坏的结果和最好的结果其实只在我们的一念之间，只有与利益相关的各方都能够首先抛开寻求个人利益最大化的心思，在某种规范的契约之下，形成默契，共谋整体利益最大化，才能获得最好的结果。

干掉对手不等于你死我活

无论是人与人之间，还是组织与组织之间，竞争都广泛存在。如何能够在竞争中取得胜利并获得利益的最大化是所有人都在思考的问题。零和博弈论强调，参与博弈的各方，在严格竞争下，一方的收益必然意味着另一方的损失，博弈各方的收益和损失相加总和永远为"零"。所以，双方不存在合作的可能，竞争各方都想尽一切办法以实现自身利益最大化。零和博弈的结果是一方吃掉另一方。

在零和博弈理论中，竞争的最终结果不是你死，就是我亡，也就是只能出现"单赢"的结果。想要在这样的竞争模式下取得胜利，那么自己必须处于绝对的优势地位，否则，其结果往往是两败俱伤，造成"双输"的结局。那么有没有一种方法可以让参与博弈的双方都获得相应的利益，实现双赢的结果呢？这就需要引入非零和博弈理论。非零和博弈是一种合作下的博弈，博弈中各方的收益或损失的总和不是零值。这样，竞争的双方就可以在某种程度上做出让步，以建立某种稳定的关系，在不断发展的前提下，使得双方都有利可图。

竞争的目的是为了获得更大的利益，而不是为了与对方拼个你死我活，所以，现代社会的竞争越来越趋向于双赢。在竞争的过程中，注意给对方留有余地，在自己吃肉的同时，给别人留下喝汤的机会。这样两者就可以保持一种相对稳定的状态。如果每一次竞争都要进行你死我活的斗争，那么无论你有多大的实力也是消耗不起的，早晚会被这种恶性竞争所拖累。

1892年，世界上第一瓶可口可乐诞生于美国，这种神奇的饮料以它不可抗拒的魅力征服了全世界数以亿计的消费者，成为"世界饮料之王"。但是正当可口可乐公司发展的势头不可阻挡的时候，另外一家同样高举"可乐"大旗的企业——百事可乐公司——向它发起了挑战，并且公然宣称要成为"全世界顾客最喜欢的公司"。面对这样公开的挑战，可口可乐公司自然不能示弱，于是可口可乐公司和百事可乐公司开始了旷日持久的竞争。

令人惊奇的是，这两家公司在竞争中始终并存，强大的可口可乐公司并没有在占据绝对优势的时候将百事可乐公司消灭，以至于到了现在，百事可乐公司拥有了和可口可乐公司平起平坐的地位。其实，这正是两方妥协的结果。

开始的时候，百事可乐公司处于绝对的劣势，所以，其采取的战略是参与竞争，但不让市场份额发生重大改变。这样的战略一直运用了近半个世纪。这样的战略对可口可乐公司没有什么大的影响，所以可口可乐公司也没有必要进行激烈的商战，非要将对方置于死地。后来，百事可乐公司开始进攻了，主动争抢市场份额。可口可乐公司当然不能任由其将自己的市场份额抢走，于是竞争加剧，但是这两家公司依然在竞争中发展。直到后来，百事可乐公司的地位越来越牢固，于是就形成了今天的局面。

其实，这两家公司都是聪明的。它们在市场份额上的竞争虽然从来没有停止过，但是随着市场的不断扩大，它们始终都处在赢利的状态，而且都在不断地壮大，几乎垄断整个世界饮料行业。它们在某种程度上的妥协正是它们目前在饮料行业地位的重要保障。如果可口可乐公司动用一切力量消灭百事可乐公司，必定会大伤元气，难以再在世界市场上拥有垄断地位，其他的饮料公司自然会乘虚而入，抢占它的市场地位。所以，如果没有百事可乐公司，可口可乐公司也就没有现在的辉煌。

如果你想要在竞争中将你的对手赶尽杀绝，那么你一定会付出沉重的代价，即使你的竞争对手的实力比你差。因为当对手被你逼到无路可退的时候，一定会发起最猛烈的进攻，你想要抵挡这种进攻并且将其消灭，不付出点代价是不可能的。相反，如果你肯给对方留下发展的空间，那么对方在你的退让之下有了活路，自然就会避免与你竞争。也许有人会担心，自己的退让会让对方得寸进尺，引来对方更疯狂的竞争。其实恰恰相反，作为力量薄弱的一方，本来在竞争中就没有优势，在与你的竞争中又已经衰弱一分，又岂会继续作战呢？对手一定会利用你给予他的空间努力发展自己。这样的竞争不仅给了对方空间，也给了自己发展的空间，其成本远远小于赶尽杀绝的竞争。

让对手活着是有好处的，当然也不能总让对手活得太轻松，否则一不小心会被对方反超。在博弈的过程中，作为力量较强一方的我们，一定要将主动权始终掌握在自己的手中，既留给对方发展的空间，也要限制其发展。只有这样，我们才能既保住自己的地位，又达到双赢的目的。

想办法分化对手而不是消灭对手

当我们遇到比我们的实力要强的敌人的时候，如何才能在这样的博弈中实现以弱胜强、以少胜多呢？硬拼实力肯定是不明智的，明知会失败，还往前冲，不是懂博弈的人应该做的事。即使有胜利的可能，我们也会为之付出沉重的代价，不符合以最小的成本获取最大的胜利的博弈观念。既然不能硬拼，那么我们就应该采用一些手段削弱对方的力量，只有这样才能让自己有立足之地。

如何才能削弱对方的力量呢？那就只有从对手的内部入手，分化对手，这样才能让对手自乱阵脚，实力大减。只要对方分化，说不定不需要我们出手，对方就会自相残杀，削弱自己的力量。这就是所谓的"不战而屈人之兵"。

齐景公在位时期，齐国有三个著名的勇士：公孙接、田开疆、古

冶子。他们个个武艺高强，勇气盖世，为国家立下了赫赫功劳。这三人意气相投，结为异姓兄弟，彼此互壮声势。这样一来，三人在齐国的地位更加难以撼动，所以他们对谁都傲慢无礼，根本不把其他官员放在眼里，甚至连三朝元老晏子也不尊重。

晏子觉得这样的状况很是不妙，因为这三个人的势力越来越大，而且又不懂礼法，说不定将来就会惹出大乱子。所以，晏子去拜见齐景公，将自己的想法告诉了他。齐景公虽然觉得除掉三位勇将有点可惜，但是晏子说得也有道理，于是就把这件事情交给晏子去办。

晏子准备好之后，由齐景公叫来三人，说要赏赐他们。三人兴冲冲地赶来，却见赏赐的是两个大桃子。晏子不慌不忙地说："三位都是国家栋梁、钢铁卫士。这宫廷后院新引进了一棵优良桃树，国君要请你们品尝这一次结的桃子。可是现在熟透的只有两个，就请将军们根据自己的功劳来分这两个桃子吧。"说完，还露出为难的神色。

三人中，公孙接是个急性子，他首先说："想当年我曾在密林捕杀野猪，也曾在山中搏杀猛虎，密林的树木和山间的风声都铭记着我的勇猛，我还得不到一个桃子吗？"于是上前取走了一个桃子。

田开疆也不甘示弱，说："真的勇士，能够击溃来犯的强敌。我曾两次领兵作战，在纷飞的战火中击败敌军，捍卫齐国的尊严，守护齐国的人民，这样还不配享受一个桃子吗？"他上前取过第二个桃子。

古冶子先前碍于情面，不好意思上前去争，谁知转眼桃子就没了，于是怒火中烧，说："你们杀过虎，杀过人，够勇猛了。可是要知道我当年守护国君渡黄河途中，河水里突然冒出一只大鳖，一口咬住国君的马车，拖入河水中，别人都吓傻了，唯独我为了国君，跃入水中，与这个庞大的鳖怪搏斗。为了追杀它，我游出九里之遥，一番激战要了它的命。最后我浮出水面，一手握着割下来的鳖头，一手拉着国君的坐骑，当时大船上的人都吓呆了，没人以为我会活着回来。像我这样，是勇敢不如你们，还是功劳不如你们呢？可是桃子却没了！"说完，他拔出了自己的佩剑。

两人听了古冶子的话，满面羞惭，说："论勇猛，古冶子在水中搏杀半日之久，我们赶不上；论功劳，古冶子护卫国君的安全，我们也不如。可是我们却把桃子先抢夺下来，让真正有大功的人一无所有，这是品行的问题啊，这暴露了我们的贪婪、无耻。"这两人都是重视荣誉的人，此时自觉自己做了无耻之事，于是同时拔剑自刎。

古冶子看到自己的两个朋友就这样血溅当场，也开始悔恨不已，觉得自己不该为了个桃子而羞辱自己的结义兄弟，害得他们自杀，于是也自刎而死。

晏子确实高明，用两个桃子就除掉了三个可怕的对手。

只懂得用硬碰硬的方式消灭对手是莽夫的作为，真正聪明的人能够用最简单的方法击败对手。只要使用得当，分化对手是用最小的代价换来最大的成功的方法。

总而言之，与对手进行竞争，最好的办法不是兴师动众地消灭对手，而是要分化对手。只要能够成功分化对手，即使不能消灭他们，也能让他们实力大减，再也无法对自己构成威胁。

合作才能共生

在博弈的过程中，除了常态的竞争以外，越来越多的人开始注重合作的重要性，因为一旦竞争开始恶化，就会给自己带来不良的影响，而合作则能够带来"1+1 > 2"的结果。合作之所以能够带来"1+1 > 2"的结果，正是基于非零和博弈理论。博弈的双方除了存在利益的争夺以外，还存在着很多共同的利益，而这些共同的利益单凭任何一方都是无法取得的，只有双方精诚合作，互相弥补不足，才能够整合双方的力量，发挥出两方简单相加而无法发挥的力量，实现双赢。

这种互惠互利的合作其实早已存在于生物界当中：燕千鸟与凶猛的鳄鱼和平共处，水牛与白鹭和谐相处，都是基于互惠互利的原则。所以，以合作的方式促成共赢，才是博弈的最好结果。当然，要实现共赢，必须有两方面的条件，一是要优势互补，二是要诚实合作。如果不存在优势互补，合作只是简单的相加，意义并不大；如果没有诚实合作，双方随时都有可能为了自己的利益而终止合作关系，那么合作最终有可能演变成恶性竞争。

华为公司成立后一直有着迅猛的发展势头，后来为了拓展国际市场，便开始寻求国际合作。在北美，其选定了摩托罗拉公司。之所以会选择摩托罗拉公司作为合作伙伴，一方面是因为当时北美市场的"排外"情绪，使得华为公司生产的产品无法进入美国市场，必须通过北美的公司代为销售。另一方面，华为公司与摩托罗拉公司在技术层面上存在着优势互补。摩托罗拉强在 CDMA 以及 WiMax 技术，而弱于 GSM 及 WCDMA，再加上由于财务压力，摩托罗拉公司无法在 GSM 及 WCDMA 投入更多的研发经费，所以，摩托罗拉公司在这些方面对华为公司有着很强的依赖性。

随着两家公司合作的推进，逐渐建立起"华为研发生产—贴牌摩托罗拉—在北美等全球市场销售"的商业合作模式。多年来，华为公司销售到美国的部分系统产品都是通过摩托罗拉公司"曲线"到达的。

华为和摩托罗拉都是业内很强的大企业，各自也都有自己的不足，而两家公司的合作正好让彼此优势互补，避免了恶性竞争。在这样的合作下，无论是华为，还是摩托罗拉，都从中获得了很大的利益。

通过合作提高自己的竞争力，让双赢成为合作双方的共同目标，不仅是个人在社会中崭露头角的需要，也是社会发展的需要。社会发展到今天，日趋复杂化，我们每一个人所要面对的环境都是难以捉摸的，想要在这样的一个环境中生存、发展和崛起，就必须抱定双赢的战略，通过与他人合作，增强自己的竞争能力。

当然，并非每个人都有勇气在竞争环境中与自己的对手进行合作，毕竟双方存在利益冲突，只有那些懂得如何在博弈中寻求利益最大化的人，才能够看到与竞争对手之间存在的共同利益，敢于向竞争对手寻求合作机会。只有这样的人，才能平衡竞争与合作的关系，让合作成为竞争的另一种形式。

"互利共赢"是一种新的思维模式，也是应对现实环境的有效的博弈策略，只有将其付诸实施，我们才能够免除与竞争对手的斗争，才能够最大限度地扩充自己的实力，拓展自己的领域，在实现共同利益的前提下，谋求利益的最大化。

对手是促进自己的一种动力

有个记者问奔驰公司的老总："为什么奔驰能进步飞快，风靡世界？"奔驰公司的老总回答说："因为宝马车把我们追得太紧了。"这个记者转身问宝马公司老总同样的问题，宝马公司老总的回答是："因为奔驰车跑得太快了。"这就是对手的力量，表面上看，竞争对手的存在是对自己的巨大威胁。然而事实上，竞争对手的存在，也是自身发展的动力，如果没有竞争对手的威胁，在惰性的支配下，恐怕任何人都无法再进一步。

人生的博弈其实就像是一场比赛，没有竞争对手，就称不上比赛，只能算是孤独的表演而已。一个人表演，没有了输赢成败的评判，自然也就失去了动力，本来可以加快脚步前进，在没有对手的情况下脚步却放慢了。因此，在人生的博弈中，只有比别人更快、更强，才能够赢得胜利。如果我们失去了对手，就失去了参照物，那么我们自然也就不会再奋勇向前了。

科学家在对非洲某条河两岸的动物的考察中，发现一个十分奇怪的现象：在同样的自然条件下，生活在河西岸的羚羊的繁殖能力要比东岸的强，而且其奔跑能力也远远高于河东岸的羚羊，西岸的羚羊的奔跑速度每分钟要比东岸的羚羊快 15 米。

在羚羊品种和生活环境相同的情况下，仅仅一条河之隔，羚羊怎么会产生如此大的差别呢？科学家们百思不得其解。为了揭开这个谜底，科学家在这一地区进行了大量的研究试验，最终找到了真正的原因。西岸的羚羊之所以强健，是因为它们附近生活着一个狼群，这使得它们始终面临着很大的威胁，为了能够生存下去，它们必须让自己更加强健，在这样的一种生存竞争的氛围之中，河西岸的羚羊越来越有战斗力。而河东岸的羚羊生活在没有天敌的环境中，缺少生存压力使得它们越来越弱小。

没有压力就没有动力，好的对手给我们造成的威胁正是动力的来源，只有在这种情况下，我们才能够充分挖掘自己的潜能，加快前进的脚步。一个好的对手，能够让我们充分认识自己的不足，能够给我们带来灵感，能够让我们在激烈的竞争中不断获得进步。所以，我们不能排斥对手，反而应该感谢对手。

经济学家曾经这样评论百事可乐的成功："百事可乐最大的成功是找到了一个成功的对手。"正是在可口可乐公司的巨大威胁下，百事可乐公司才能够不断创新，不断发展，在很短的时间内从名不见经传变得与可口可乐公司并驾齐驱。然而，现实的情况却是，很多人都把竞争对手当作眼中钉、肉中刺，不除不快，于是上演了"同行是冤家"的闹剧，互相拆台，使绊子，互相制造丑闻，最终两败俱伤，造成整个行业的不景气。

无论何时，想把竞争对手彻底消灭，那都是天方夜谭，即使能够把一个对手消灭，也很快就会出来第二个。其实，对于我们来说，最具威胁的不是对手的日益强盛，而是对手的日益衰退。当对手不再能够给我们造成威胁的时候，我们往往会放松警惕，狂妄自大。当我们目空一切的时候，就是我们的失败之时。

竞争是不可避免的，能否把竞争化成前进的动力，关键看我们怎样对待竞争对手。如果我们把他当成仇敌，欲除之而后快，采用种种不正当的手段对付对方，那么竞争最终的结果必然是两败俱伤。相反，如果我们尊重对手，把对手当成朋友，与其来一场公平、公开的精彩对决，那么双方都能够创造一个又一个奇迹。

将对手变成合作伙伴

竞争本身存在着极强的对抗性，这是其固有的缺陷，在现实的经营环境中，这种缺陷会给参与博弈的双方带来极大的危害。所以，企业之间开始进行可以实现双赢的非零和博弈，于是竞争演变成合作，在竞争中合作，在合作中竞争，最终促使双方建立友好的关系，形成良好的经营环境。

有人曾认为：在互联网时代，企业和企业之间的墙要推倒。企业与企业之间不仅仅是单纯的竞争对手的关系，还存在合作的关系。因为在互联网时代，没有一个企业可以消灭或打倒所有竞争对手，也没有一个企业可以满足市场上所有消费者的需求。这时横向联合应该是一种不错的选择。大家在市场上可能都是竞争对手，但现在联合在一起，不仅有竞争的关系，更重要的是还有合作的关系。

说白了，合作就是和自己的竞争对手一起做同一块"蛋糕"，然后再进行合理的分配。这听起来似乎不可思议，但事实上这不仅是可以实现的，而且是很好的一种竞争方式。在商业活动的博弈中，参与者必定不会是一个、两个或三个，在众多的参与者中，每个人都希望自己独领风骚，但是如果你与自己的竞争对手进行鱼死网破的竞争，那么必然会给第三方、第四方以可乘之机。所以，消灭竞争对手不是最佳的选择；相反，倘若能把竞争对手变成合作伙伴，那么不仅能让竞争对手消失，而且能为自己赢得一个帮手，更加能够巩固自己在市场中的地位，何乐而不为呢？

在现实的市场条件下，零和博弈的最终结果往往是两败俱伤，只有采用合作的办法,才能避免与同行业者打得不可开交。虽然同行业者和我们分享同一块"蛋糕",会让我们多多少少有些不舒服,但是只要能够把"蛋糕"做大,让对方分去一部分,又有何不可呢?只要蛋糕做得足够大,我们最终所得一定会超过将对手挤死之后的所得。

　　胡雪岩最初开办阜康钱庄,威胁到了老东家信和钱庄。这个时候,胡雪岩的钱庄刚刚创办,根本没有能力与信和钱庄竞争。所以,胡雪岩公开宣称,自己不会借助和王有龄的关系,抢信和钱庄的生意,这让信和钱庄吃了一颗定心丸。不仅如此,当王有龄需要解压漕粮的时候,胡雪岩还拉上信和钱庄一起来做这笔买卖。两个本应斗得天翻地覆的钱庄,在很短的时间内就拧成了一股绳。这就是胡雪岩的高明之处。在后来经营生意中,胡雪岩从信和钱庄得到了不少的支持。

　　后来,胡雪岩开始做生丝生意。那个时候,胡雪岩也是初次涉足生丝行业,而在当时,生丝行业中,早就有了几家较有规模的丝行。胡雪岩想要在生丝行业里有所作为,就必须与其竞争。同样地,这一次,胡雪岩也没有借助官府势力,打压其他生丝行,而是主动与对方联络,寻求合作机会。

　　胡雪岩认为要想将自己的生丝业做得更大,最好能与对生丝颇为内行的庞云缯合作。的确,在残酷的竞争中,只有与人携手,才能赢得更多的资金,扩大规模,增强自身竞争力。胡雪岩最终靠着与对手联合,得以在华商中把持蚕丝的国际业务。

　　胡雪岩与庞云缯合作可谓是如鱼得水。胡雪岩得到庞云缯的帮助,在生丝行业站稳了脚跟,巩固了地位。而他也向庞云缯传授了经营药业的经验，后来庞氏在南浔开了镇上最大的药店。

　　在商业竞争中，如果你的周围都是对手，那么你的经营必然会举步维艰；相反，如果你的周围都是伙伴，那么你的经营一定会红红火火。同行之间存在利益纷争是必然的，但是既然是同行，那么必然有共同的利益，既然有共同的利益，那么自然也就有合作的可能，只要能精诚合作，就必然能获得更大的效益。

　　拿旅游开发为例，A 地风景宜人，B 地古迹颇多，可以说各有各的优势。但是对于游客来说，他们只能选择一个地方去旅游，一些既想看风景又想赏古迹的游客可能就不会考虑去旅游了。在这种情况下，如果两地能资源共享、联合开发，你把游客送到我这里，我把游客送到你那里，岂不是可以获得双赢的结果？

　　如果一个人只知道经营自己的事业，并且把同行对手全部都当作敌人来看待，那么他所获的利益绝对不会长久。聪明人总是想方设法地把对手变成自己的合伙人兼搭档，这样不仅可以让他少一个"敌人"，还为他添加了一个共谋利益的朋友，他也因此而变得更加强大，在竞争中取得更大的胜利。

想超过对手，就偷偷学他的"艺"

　　20 世纪 60 年代，美国兴起了众多零售商店，经过数十年的搏杀，沃尔玛脱颖而出，战胜了其他对手，成为年收入达 2400 亿美元的企业，缔造了商界的奇迹。沃尔玛的成功，得益于其创始人山姆·沃尔顿向对手学习的精神，因为他所有的创意全部都来自于"偷师"。他曾经说："我的很多营销手法都是从别人那里学来的。

可能没有人像我这样勤于拜访企业，每次拜访的时候我都会问很多问题，这样能从他们那里学到很多东西。"

在人生的博弈中，想要超过对手，就必须让自己拥有更强的实力，这是我们每一个人都知道的，于是我们努力学习。我们可能会从书本里学习，从老师那学习，从朋友那学习，但是唯独不会从竞争对手那学习。因为从对手那学习，会让我们感觉到非常没有面子。这正是我们不能够博弈成功的原因。其实，一个人如果能够懂得向对手学习，那么这个人往往会是博弈最后的成功者。

一位企业家曾经说过："对手是一面镜子，可以照见我们的缺陷；即便没有了对手，缺陷也不会自动消失。对手可以让我们时刻提醒自己，没有最好，只有更好。"正因为对手站在我们的对立面，所以他更加了解我们，所以从对手那里，我们可以知道自己的不足，并设法弥补，让自己变得无懈可击。同时，在与对手的博弈过程中，我们可以很清楚地看到对方的优势。如果我们再能够把他的优势学到手，那么我们就真的成功了。

特奥的父母不幸辞世，给他和哥哥卡尔留下了一个小小的杂货店。由于资金微薄，设施简陋，他们只能靠出售一些罐头和汽水之类的食品勉强度日。

兄弟俩不甘心这种穷苦的状况，一直找发财的机会。

有一天，卡尔问弟弟："为什么同样的商店，有的赚钱，有的只能像我们这样惨淡经营呢？"

特奥回答说："我觉得我们的经营有问题，如果经营得好，小本生意也是可以赚钱的。"

"可是，如何才能经营得好呢？"于是，他们决定经常去其他商店看一看。

　　一天，他们来到一家"消费商店"。这家商店顾客盈门，生意红火，引起了兄弟俩的注意。他们走到商店外面，看到门外有一张醒目的告示，上面写着："凡来本店购物的顾客，请保存发票，年底可以凭发票额的 3% 免费购物。"

　　他们把这份告示看了又看，终于明白这家商店生意兴隆的原因了。原来顾客就是贪图那"3%"的免费商品。回到自己的店里后，他们立即贴了一张醒目的告示："本店从即日起，全部商品让利 3%，本店保证所售商品全市最低价，如顾客发现不是全市最低价，本店可以退回差价，并给予奖励。"

　　就是凭借这种"偷"来的智慧，他们兄弟俩的商店迅速发展起来。

　　想要超过对手，就必须学习对手的技艺。我们每个人都有自己的长处和不足，我们的长处所对应的是对方的不足，而对方的长处所对应的是我们的不足。只要我们能够把对方的长处学到手，那么我们的不足就不会成为博弈中的短板，而我们自身所具备的长处就能够成为制胜的武器。所以，对待对手，我们不能仅仅把他当作自己的对手，更要把他当作自己的朋友、老师，勇于向他学习。

　　只有不断地向对手学习才能让我们永远具备强大的竞争力。每个对手身上都有值得我们借鉴的地方，我们每次从一个对手身上学到一些东西，就能够让我们完美一分。这样下去，我们的竞争力将会随着学习到的东西的增多而越来越强。

第二章 ▷

合伙人之间的博弈：如何实
现个人利益最大化

每个人都在盘算如何实现个人利益的最大化。于是，利益的分配就成了难题。当合伙人之间的博弈失去平衡，就会引起矛盾纠纷，甚至导致关系破裂。如何采取最优策略，在合作中实现个人利益的最大化，是合作能否持续下去的关键。

猎鹿博弈：是合作得鹿还是独行吃兔

村子里有两个猎人，其主要的猎物有两种：鹿和兔子。如果两个人精诚合作，他们就可以共同捕到一头鹿。如果两个人单独行动，凭个人的力量是无法捕捉到鹿的，但是每人可以抓到4只兔子。4只兔子可以供每个人吃4天，一只鹿被平分后，可以供每个人吃10天。

这个时候，猎人的行为决策就呈现出博弈形式：要么分别打兔子，每人得4；要么合作，每人得10（平分鹿之后的所得）；要么分别去打鹿，两人的收益都为0。通过比较"猎鹿博弈"可以看出，两个猎人合作猎鹿获得的收益将远大于分别猎兔的收益。

在实现利益需求的过程中，我们总是把自己的力量发挥到极致，然而这并不能帮助我们实现利益最大化，因为我们每个人的力量都是有限的，有很多更大的利益是我们无法独自获得的。在这种情况下，只有与他人进行合作，寻求支持和帮助，整合他人的力量，才能获得更大的利益。然而，也许有人会说，与他人合作就意味着在将来的分配过程中，要与他人分享利益，很不合算。然而"猎鹿博弈"告诉我们，合作得鹿比独行吃兔的收益要大得多。事实上，合伙人具备我们急需而又不具备的资源，与其进行合作能够帮助我们获得个人无法获得的利益。通过合理的分配，我们就能够实现利益的最大化。

苏泊尔和金龙鱼这两个品牌不仅在产业上相关，而且都在倡导

新的健康的烹调理念，这成了双方合作的基础。

双方经过磋商，决定推出联合品牌，通过强强联合，继续做大做强自己的品牌，提高市场占有率。联合品牌的推出分成两个阶段：一是通过春节档的促销活动将双方联合的信息告知消费者；二是提升品牌时期，在第一阶段的基础上共同操作联合品牌。

于是，一场声势浩大的，以"好油好锅，引领健康'食尚'"为口号的活动在全国36个城市同步开展。活动期间，凡是购买金龙鱼调和油或色拉油的顾客，即可领取红运双联刮卡一张，刮开即有机会赢得新年大奖，包括苏泊尔高档套锅、苏泊尔14厘米奶锅等奖品。同时，凭红运双联刮卡购买108元以下的苏泊尔炊具，可折抵现金5元；购买108元以上的苏泊尔炊具，还可获赠900毫升金龙鱼调和油一瓶。同时，苏泊尔和金龙鱼还联合推出了"新健康食谱"，免费发放，并举办健康烹调讲座。

此次活动让利于消费者，引发了春节期间的购物狂潮，苏泊尔和金龙鱼的销量都大增。同时，其所宣传的健康生活理念也深入人心，这更加提升了苏泊尔和金龙鱼品牌的形象。

资源的合理配置和最大化利用，是实现利益最大化的关键，而我们每个人或多或少都存在一定的资源欠缺，总是在离利益最大化一步之遥的地方停滞不前。所以，我们只能通过与他人合作的方式，获得一部分资源，促成利益的实现。比如，我们打算做生意，手头也有了足够的资金，但是欠缺人脉关系，而自己又不善于与人结交，这导致我们迟迟无法开始做自己的生意。而如果我们的朋友当中，恰巧有一个人脉关系强大却欠缺资金的人，我们就可以与其进行合作，使得自己具备做生意必备的资金和人脉两项资源，进而做成生意，取得丰厚的利益。

　　由此可知，如果我们仅凭自己的能力去做事，那么永远都无法获得利益最大化的结果，这就好比一条腿走路，永远也不可能超过两条腿的速度。所以，双赢是合作的最佳效果，合作是利益最大化的手段，只有摒弃自私自利之心，与他人展开合作，并与他人分享成果，才能够让自己手中的资源发挥最大的效用，实现利益的最大化。

诚信来自重复博弈

　　对于一个人来说，诚信是立身之本。孔子曾告诉我们："人而无信，不知其可也。大车无，小车无，其何以行之哉？"一个人如果没有诚信，就不可能在社会立足，更无法参与到社会的各种博弈中去。对于社会来说，诚信则是社会良性运转的基础，如果整个社会缺乏诚信，那么必然会陷入混乱无序当中。诚信如此重要，那么它从何而来呢？

　　按照中国传统的思想，诚信是一种优秀的品质，也是一种道德准则，无须任何理由。但是从经济学的角度来说，诚信则是人们在多次的重复博弈中建立起来的。只要遵守一定的市场机制的博弈多次重复发生，人们就会越来越倾向于相互信任。相反，如果这样的博弈不能发生，或者只偶尔发生几次，那么诚信必然无法在博弈参与者的头脑中形成。

　　某作家在其作品中讲述过这样一个故事：在美国，大部分售报机都是个铁盒子，所有的报纸都放在里面。只要你投入一枚硬币，就可以全部打开，取出一张后，你就可以再把它关上。而唯独在某些族裔的人的聚居地附近,这些售报机是经特殊设计的,投入一枚硬币只能拿出一张报纸。

之所以会出现这种现象,完全是因为一般美国人和这些族裔人的诚信意识是不同的。一般美国人有根深蒂固的诚信意识,他们不会投入一枚硬币,却拿出两张报纸。即使有人这样做,也只是极少数。所以,在多次重复博弈之后,人们愿意相信普通民众的诚信意识,所以其售报机才是那样设计的。

诚信的产生是源于多次的诚信博弈,只有交易的双方都遵守诚信机制,进行诚信的交易,彼此之间才能产生信任。随着这样的博弈的多次进行,交易双方彼此之间的信任会逐渐加强,并最终形成诚信。所以,诚信意识的树立并非仅仅源于个人素质的高低,更重要的是要形成一种有效的约束机制。因此,让所有参与博弈的人都在有效的约束机制下进行重复博弈,所有的人都能从中获取利益,诚信也就内化成人们心中的一种根深蒂固的意识。

诚信对于博弈的双方来说都是有好处的,双方都能从这样的博弈中各取所需,取得理想的效果。如果有一方违背诚信,博弈就会演变成负和博弈。比如说,有人在居民区里设立了一个无人卖报点,如果卖报人和小区的居民都能遵守诚信原则,那么双方都能获得好处,小区的居民可以方便地买到报纸,卖报人也可以获得收益。如果小区的居民不守诚信,拿报纸不给钱,卖报人就有可能取消卖报点,这样对小区的居民也是不利的。

在现实生活中,我们之所以无法与他人进行长期有效的合作,原因就在于我们无法把一次性的博弈转化为重复性的博弈,因此,我们在一次性的博弈中为了追求利益的最大化,难免会出现失信的行为。所以，在与他人合作时，我们要记住，"一锤子买卖"的结果往往是两败俱伤，只有坚持诚信的原则与他人进行合作，并在合作中不断加强诚信意识，才能够推动合作的深入进行，最终从合作中获得最大的利益。总而言之，如果谁不遵守有利于长期合作的诚信原则，谁就将受到严惩。

与强者同行，你也会成为强者

"近朱者赤，近墨者黑。"想成为什么样的人，就应该和什么样的人在一起，这是永恒的真理。如果你不登上泰山，永远也不可能领略"一览众山小"的豪迈；如果你满足于和那些泛泛之辈在一起，那么你永远无法进入强者的世界。

某大学有一个由"金融投资家进修班"学员组成的同学会，仅有200余人，但是这些人却控制着约1200亿元。一位投资者想要创办自己的公司，于是他花了半年的时间到"企业家特训班"上课。在这里他认识了许多成功的企业家，从他们那里，他学到了获取成功的方法，并且与他们做成一笔又一笔的生意。当我们还不是一个成功者的时候，我们对于成功者的概念是虚无的，并不真正知道成功者有什么特质，成功者的世界是什么样子。只有和成功者接触，我们才能够真正了解，才能够借助他们的资源优势，完成自己的人生博弈，使自己也成为成功者。

"染于苍则苍，染于黄则黄。"当我们长期与一类人在一起的时候，很快就会沾染上同样的习气，逐渐具有那一类人的品质。当我们与那些成功者接触时，我们会逐渐具备成功者具备的素质，并在必要的时候，借助成功者的力量来完成自己的事业。可以说，想要成为强者，就必须与强者在一起。

微软总裁比尔·盖茨曾经占据世界首富的位置，他能够在短短几十年的时间里取得那么大的成功，与他一路与强者同行有很大的关系。

开始的时候，比尔·盖茨还只是一个酷爱计算机的哈佛大学的学生，谁也没有想到他会在将来拥有这么大的成功。在哈佛大学里，他遇到了第一个强者，那就是他的搭档保罗·艾伦。保罗·艾伦拥有丰富的计算机知识，富有创造性。我们知道微软的成功是源于其操作系统的成功，而操作系统的研发正是在保罗·艾伦的推动下完成的。

促使比尔·盖茨成功的推动者中，还有一位更为重要的人，他就是国际商业机器公司的董事长卡里，比尔·盖茨通过妈妈认识了卡里。那个时候，国际商业机器公司已经是业内的巨人，它一直致力于发展大型计算机，对微型计算机不屑一顾。当微型计算机市场开始呈现出蓬勃发展的势头的时候，国际商业机器公司才意识到犯了一个大错误。于是国际商业机器公司成立了负责开发个人计算机的委员会。委员会成员制订了发展战略：一是鼓励和支持那些独立的软件开发公司，让其大量开发软件；二是建立起一个公开的结构，带动一大批软件公司发展。

那个时候，微软公司已经成立，并且在业内有了一定的知名度，国际商业机器公司看中了微软公司，于是国际商业机器公司派人与比尔·盖茨接触。那个时候，微软公司刚刚起步，虽然小有名气，但是急需发展机会，以壮大自己。国际商业机器公司主动邀约对于比尔·盖茨来说，绝对是一个意想不到的好消息。很快，微软公司与国际商业机器公司就系统软件开发达成了协议，开始了彼此的合作。这次合作是微软公司腾飞的开始，在国际商业机器公司这个巨人的庇护下，微软公司以超乎想象的速度发展。

在微软公司发展的同时，比尔·盖茨的社会地位也逐渐提升，于是他开始接触越来越多的商界大亨。比尔·盖茨非常愿意与这样的人来往，也时刻注意与这样的人保持联系。在一次社交晚宴上，比尔·盖茨认识了巴菲特，两人结下了深厚的友谊。

无论我们现在处在人生的什么状态，只要我们想在人生的博弈中成为胜利者，那么就必须和强者走在一起，千万不要在自己的小小圈子里封闭自己。

与强者同行，会让我们感受到强者的风范，从而激励自己；与强者同行，会让我们受到鼓舞，从而加快前进的脚步；与强者同行，会让我们拥有更多的资源，从而促使成功的到来。总而言之，想要成为强者，就要与强者同行。

从"狼狈为奸"看合作之道

狼和狈的长相相似，唯一的不同就是：狼的两条前脚长，两条后脚短；而狈却是两条前脚短，两条后脚长。每次出去偷羊的时候，由狼骑到狈的脖子上，然后狈站起来，把狼抬高，这样狼就可以顺利地进入羊圈。

"狼狈为奸"虽然是一个贬义词，但是其背后却隐藏着合作之道，那就是取人之长，补己之短。狼和狈各有自己的缺点，如果不合作的话，任何一个都无法偷到羊，而合作之后，就可以利用彼此的优势来弥补自己的不足，从而每次都能偷到羊。狼和狈这种取长补短、实现双赢的合作，为彼此带来了利益。

个人的能力是有限的，在博弈中，仅仅依靠个人的能力，即使累死也不可能成功。只有选择与那些可以和自己优势互补的人合作，才能够最终获得成功。不仅如此，个人身上的缺陷往往会成为博弈中的致命伤，如果我们不能及时寻找到合适的补足者，那么就会影响我们博弈的结果。所以，取人之长、补己之短的合作是非常必要的。

从前，有两个人想去见识一下大海的壮阔，可是走在半道上，他们已经没有干粮了。饥肠辘辘的他们遇到了一位长者，长者赐给他们一份礼物：一根渔竿和一篓鲜活的鱼。他们中的一个人要了一篓鱼，另一个人要了渔竿，然后就分道扬镳了。

得到鱼的人迫不及待地在原地把鱼烤了吃了，已经饥肠辘辘的他甚至没有品尝出鱼的味道。吃饱之后，他开始赶路，终于他见到了辽阔的大海。可是，很快他又饿了。由于他没有工具为自己找到食物，所以不久他就饿死了。另一个人则带着渔竿，用残存的力量艰难地向大海走去，当他在蒙眬中见到蔚蓝的大海的时候，他的最后一点力气使完了，他只能带着无尽的遗憾离开人世。

同样是两个饥肠辘辘的人，也得到了长者的恩赐。但是他们没有各走各的，而是共同朝着大海走去。一路上，他们两人靠着那一篓鱼艰难地维生。经过长途跋涉，他们终于见到了心仪的大海。然后，两人就在大海旁边定居，开始了以捕鱼为生的日子。几年以后，他们有了各自的家庭、子女，同时也有了自己的渔船，过上了幸福的生活。

无论个体还是组织，都存在着各种各样的缺陷和不足，这些缺陷和不足往往让其感到掣肘，无法满足发展的需求。所以，他们必须寻找适合的合作伙伴来弥补这些不足，与合作伙伴一起获得双赢，实现利益的最大化。所以，这时就需要有点"狼狈为奸"的精神。在发展的过程中，个人的优势虽然可以为自己带来不少的利益，却不能带来最大的利益，因为如果我们仅仅局限于自身的优势，那么我们所能够拓展的领域就是有限的，只有与那些可以和自己优势互补的人合作，才能够让自己更快地获取成功。

某著名的制药企业研发了一系列产品，急需进行宣传，扩大知名度，以便打开市场。为此，他们找到了一家杂志社。这家杂志社刚刚创立没多久，在媒体界并没有太大的影响力，他们也需要扩大知名度。双方不谋而合，抓住这契合点，进行了一系列联合促销活动。

当时制药企业支付了很少的费用给杂志社就得到了一个宣传平台。而杂志社借助制药企业的知名度提高了自身的知名度，并且在医药界赢得了大量的客户。随着杂志社的发行量的逐渐增多，制药企业的新产品的推广规模也越来越大。双方的联合促销活动取得了圆满的成功。

能否取得成功，有时不在于你现在拥有多少实力，拥有什么样的优势，而在于你能否找到和自己优势互补的合伙对象。只要你能够找到，那么即使你现在还很不起眼，你也一样可以在合作中获得巨大的利益。只要你能够这样不断做下去，你所具备的优势就会越来越明显，能够在合作中获得的利益也就越来越大，你所做的事业也就越来越成功。

"狼狈为奸"是合作之道，只有把合作发挥到极致的人，才能不断地壮大自己，实现由小变大，由弱变强，让自己在社会中逐渐崭露头角。

互利互惠的"正和博弈"

有这样一个故事。天堂和地狱里同样放着一锅煮着的肉。地狱里的人个个面黄肌瘦，而天堂里的人却红光满面。原因就是，天堂里的人都是拿起那只长长的勺子去喂他人，而地狱里的人却只懂得往自己嘴里送。但是那只勺子太长，拿起来根本就无法将食物送到自己的嘴里。

天堂和地狱里的人的结局之所以不同，是因为他们在博弈中采取的策略不同，天堂里的人用合作的方式实现了双赢，这种博弈称为正和博弈；而地狱里的人则采取了对抗性的策略，结果人人都无利可图，这就是负和博弈。

正和博弈是通过合作的方式，创造"合作剩余"，然后再进行分配，这样的博弈的最终结果是双方的利益都有所增加，或者至少是一方的利益增加，而另一方的利益不受损害。而负和博弈最终的结果是两败俱伤。所以，在人生的种种博弈中，我们应该让自己的策略符合"正和博弈"的目标。

利益是所有的人都在追求的，但是如果为了利益而进行无休止的争夺，互不相让，那么整个社会就会陷入混乱之中，最终对所有的人都是不利的。相反，如果所有的人都能互相退让，进而达成某种妥协，那么就可以有一个安定的环境，让双方都获得利益。

一群蜜蜂生活在三丛灌木中，这些灌木都长在农田的旁边。

这一天，农夫来到农田，看到了那三丛灌木，他觉得这些灌木没有任何作用，还影响自己的庄稼生长，于是准备把灌木砍了当柴烧。

当农夫砍第一丛灌木的时候，里面的蜜蜂向农夫苦苦哀求，说："善良的主人，您就不要砍这些灌木了，即使砍了，也得不到多少柴。看在我们每天都帮您的庄稼传播花粉的分上，您就给我们留下家吧。"农夫无动于衷地说："没有你们，一样有蜜蜂传播花粉。"说完，农夫就把第一丛灌木砍了。

第二丛灌木里面的蜜蜂知道求也没用，于是，它们决定誓死捍卫自己的家园。当农夫过来砍灌木的时候，所有的蜜蜂都冲了出来，朝着农夫扑了过去，农夫的脸上被蜇了好几个大包，一怒之下，农夫将第二丛灌木砍得什么都没剩下。

当农夫去砍第三丛灌木的时候，蜂王飞了出来，它用商量的口吻对农夫说："聪明的主人，您看看这丛灌木给您带来的好处吧！这丛黄杨木的木质细腻，成材以后准能卖个好价钱！我们的蜂窝每年都能生产很多蜂蜜，还有具有较高营养价值的蜂王浆，这些都能给您带来很多的经济效益，您何必要把灌木砍了。"农夫听了蜂王的话，觉得很有道理，于是他决定留下这丛灌木，与蜂王合作，做起了蜂蜜生意。

通过合作实现双赢，这一观点已经得到了社会各界的普遍认同，所以合作博弈正在逐步取代以往占主导地位的零和博弈，成为现代社会博弈学的主流。在社会中，小到个人之间的人际关系，大到企业间的竞争以及国与国之间的博弈，都在尽量获得"正和博弈"

的结果。比如，在图书馆里看书，一个人说："太闷了，开开窗户透透气。"另一人说："天这么冷，开窗户干吗？"这就产生了冲突和矛盾。如果双方各执一词，互相对抗，那么最终必然不欢而散，事情也得不到解决。如果以"正和博弈"来处理，就可以让需要透气的人挪到窗户的旁边，嫌冷的人挪到里面，这样事情就能得到圆满的解决。

总而言之，在生活中，我们难免会与他人发生利益的冲突，在这个时候，我们首先要排除用对抗性的策略来解决问题，那会让我们得不偿失，而应该采取相互妥协的办法，以完成互惠互利的"正和博弈"。

坚持信任原则：合伙最忌相互猜疑

有一个"人椅游戏"：所有参与的人围成一个圈，然后每个人都把双手放在前面一个人的双肩上，紧接着缓缓坐在身后那个人的大腿上。成功之后，看能够坚持多长时间。完成这个游戏的关键就在于你要相信你身后的人，如果你不相信对方，那么你就不可能完全放心地坐下去，因为你有摔倒的危险。

当我们为了做好某一件事而和他人进行合作的时候，就应该百分之百地相信对方。可是在利益面前，很多人总是变得疑窦丛生，对自己的合伙人百般猜忌，无法与合伙人进行有效的配合，结果导致合伙生意失败，造成合伙人之间反目成仇，连朋友也做不成了。

两个从小玩到大的好朋友合伙做生意。开始的时候，生意举步维艰，两人互相支持、勉励，终于度过了最难熬的一段时间，生意逐渐走上了正轨。可是随着生意的好转，两人的关系却越来越差，因为在生意经营上，他们产生了不同的意见，而且互不相让。直至后来，他们互相猜忌，一个人认为另一个人把进货的钱私自扣起来了，另一个人则认为对方私自卖货。由于彼此猜忌，两人的关系越来越差，在生意经营的时候，也都彼此留着后手，防备对方。最终，好不容易走上正轨的生意又因此而逐渐滑坡，直至再也无法维持。

有句老话叫"亲兄弟明算账"，防备的就是因为利益产生纠纷，影响兄弟之间的关系。既然连亲兄弟之间都难免会因为利益的纠纷而关系破裂，更何况合伙人之间。所以，信任在合作中至关重要，只有相互信任，才能让合作顺利地进行下去。

合作做事等于是在打组织战，合伙人必须团结一致，这样才会产生力量。否则力气使不到一起，反而会相互抵消。就像拔河比赛一样，所有的参与者都应该劲儿往一处使，这样才能集合所有人的力量。如果有的人的力气向左偏，有的人的力气向右偏，有的人的力气偏上，有的人的力气偏下，那么所有的人的力气就会相互抵消，不战自败。

有两个剑客，从小一起拜师学艺，经过十几年的勤学苦练，两人都拥有了一身好本领。出师之后，他们两个一起投军，报效国家。在去投军的路上，两人遇到了一伙土匪，众多的土匪将两人团团围住。在这种危险的情况下，两人不约而同地将自己的背部靠在对方的背部上。终于，他们用自己手中的剑打退了土匪的进攻。

到了军中以后，两人依旧一起行动。有一次，他们去敌营刺探军情，一不小心被人发现了。身陷敌营之中，活命的机会很渺茫，但是两人没有放弃，他们还是像以往一样，背靠着背抵挡敌人的进攻。幸好敌军想要抓活的来套问军情，所以，两人才能够苦苦支撑，直到自己的军队杀来。当他们的军队把他们救下来的时候，他们已经身负重伤，但是伤都在身体的前面，背上却丝毫无损。

在随后的征战中，他们都是这样进行战斗的。几十年以后，年迈的他们解甲归田。村子里的年轻人都前来问他们是怎样在战场中厮杀的，两人相视而笑，然后把上衣脱了下来。年轻人发现，他们两人的前胸全部都是伤疤，但是两人的后背却没有任何伤痕。这两个人中的一个人说："我们充分相信对方，所以在打仗的时候，总是将自己无法好好保护的后背交给对方，自己一心只管对付前面的敌人，因为后面有我们最信任的人。这就是我们没有死在战场上的原因。"

在合作的过程中，我们每个人都扮演着一定的角色，只要我们每个人都能把自己应该扮演的角色扮演好，那么合作就会趋于完美，成功也就不在话下。可是很多时候，我们都无法安心地扮演自己的角色，因为我们总是不信任对方，担心对方会因为自私自利而不认真扮演自己的角色，从而给自己带来危险。事实上，这种担心是多余的，对方之所以会跟我们建立合作关系，是因为他们想要借助我们的力量完成某些事情。如果他们真的对我们下手，那么就等于是在自掘坟墓，相信没有一个人会是那么傻的。

所谓"疑心生暗鬼"，合伙人之所以会不相信对方，一是因为利益的原因而在主观上产生猜忌，二是因为外面的闲言碎语而引发心中的猜忌。所以，合伙人之间要做到相互信任，应该做到以下两点。

第一，不可主观乱猜疑。合伙人是为了某一共同的目的而聚在一起的，所以大家都应该为了这一共同的目的而努力，而不应该互相猜忌。

第二，不要听信流言蜚语。如果在没有弄清事实真相之前就因流言去猜忌自己的合伙人，事情又怎么能做好呢？所以，听到流言蜚语的时候，不要妄下定论，一定要先调查清楚。

既要把蛋糕做大，也要把蛋糕分好

合作就是不断地做蛋糕和分蛋糕的过程，只有通过所有参与合作者的共同努力，才能把蛋糕做大。合伙人之所以要参与做蛋糕，目的就是为了分蛋糕。所以，在合作博弈中，我们不仅要做大蛋糕，更要把蛋糕分好，只有这样，所有的人才会愿意发挥自己最大的力量，将蛋糕做大。如果我们只想着把蛋糕做大，而没有合理的分配制度的话，早晚会因为人心尽失而导致合作出现差错，最终导致无法做成蛋糕。

杰克和汤姆结伴去旅行，快到中午的时候，两人都累得不行了，于是就找了一个地方坐下，准备吃点东西补充体力。杰克带了4块面包，而汤姆则带了8块面包。这个时候，一个饥饿的路人走过，两人便邀请路人和他们一起吃饭，结果，三人把所有的面包都吃完了。

为了感谢他们，那个路人临走的时候送给了他们两人12枚金币。路人走后，两人开始分这12枚金币，但是始终无法就金币的分配达成一致的意见。杰克认为，既然是三个人一起吃完了所有的面包，那么就应该平均分配这12枚金币，所以他坚持每人拿6枚金币。汤姆却认为，自己带来了8块面包，而杰克只带了4块，所以自己应该得 8 枚金币，而杰克只能拿到 4 枚。

两人为了金币的分配而争执不休，再也没有心情去旅行，于是折返回家，找人去评理。就是在回家的路上，两人还是没有忘记争论这件事情。

做大蛋糕必须建立在分好蛋糕之上，也许有人会说，蛋糕还没有做，怎么分呢？是的，蛋糕没做之前，确实是无法分配，但是我们可以先制定一个合理的分配方式，只要这个分配方式能够让所有参与合作的人都满意，那么合作就能够顺利地进行，蛋糕也就能够做得很大。当然，蛋糕的分配方式不是一成不变的，要随着每一个参与合作的人在制作蛋糕中所发挥的作用进行调整，只有这样，所有人的积极性才能够被调动起来。

"正和博弈"本就是要实现互惠互利，也就是说要让所有参与合作者都得到应有的利益，所以，如何分配蛋糕比如何做大蛋糕的意义更加重大。只有懂得如何分配蛋糕，才能在博弈中获得双赢的结果。

有一个刚刚建立没多久的寺庙，里面只有 7 个和尚，由于香火不多，他们每天只能有一桶粥喝。但是这一桶粥根本就不够所有的和尚填饱肚子，所以，和尚们经常为了如何分粥的问题大吵大闹。

最初的时候，他们决定让每个人轮流分粥，结果，每个人只能在自己分粥的那一天才能够吃饱，因为自己分粥的时候有权力给自己多留一些。后来，他们又推选出一名道德高尚的和尚负责分粥，结果，其他和尚都挖空心思去讨好那名和尚，搞得寺里乌烟瘴气。

就这样，他们换了一个又一个方法，终于他们找到了一个最公平的方法。依然是每天轮流分粥，但是负责分粥的那个人必须在所有的和尚挑完之后，喝最后剩下的那一碗。这样，负责分粥的人为了不让自己少喝，就尽量将粥分得平均一些。

这个方法果然起到了作用，从那以后，寺里的和尚再也没有发生争吵，而是共同努力建设寺庙，最终将寺庙建设得香火鼎盛。

每个人都有自私的心理，如果不能有效地克服这种自私心理，必然会造成合作无法进行下去。所以，作为合作的主导者，必须制定一个科学的激励机制，兼顾所有参与合作的人的利益，只有这样，才能建设成一个有凝聚力和向心力的团队。只有这样的团队，才能够创造出更大的效益。

第三章

老板与员工的博弈：在对立
中求双赢

在职场中，老板与员工的关系似乎是对立的。老板想以最小的代价换取员工为自己创造最大的价值，而员工则想以最小的付出换取老板给予自己最丰厚的待遇。利益成为两者矛盾的根源。然而这种对立的关系并非是不可调和的，关键是双方要在博弈中寻求双赢的方法。

干得好就加薪和加了薪就好好干

加薪是每一个职场人士梦寐以求的事情，对于很多员工来说，只有老板给自己加薪了，自己才能更好地干活。然而对于老板来说，只有你干好了工作，才会给你加薪。这两者之间的矛盾，让不少员工不仅失去了加薪的机会，甚至失去了工作。

工作的目的之一是为了赚钱，但是开始的时候，老板并不知道你有多大的能力，你能给他带去多少利润，在这种情况下，老板是不会给你加薪的。所以，加薪必须建立在你的工作出色的基础之上。在职场中，有所劳必定有所获，是铁的定律。作为员工，根本不必担心自己的付出得不到应有的回报。所以，你应该把工作当作加薪的基础，而不应该把加薪当作工作的动力。

卡罗·道恩斯原本是一家银行的职员，工作很体面，收入也不错，但是他却放弃了这份工作，因为他认为这份工作不能发挥他的才能。他来到了杜兰特汽车公司工作，这家公司就是后来汽车行业赫赫有名的通用汽车公司。

道恩斯工作了六个月之后，想知道自己工作得怎么样，于是他写信给杜兰特。在信中，他向杜兰特提出了好几个问题，最后一个问题是："我可否在更重要的职位从事更重要的工作？"

杜兰特没有回答他的前几个问题，只是对最后一个问题做出了批示："现在任命你负责监督新厂机器的安装工作，但不保证升迁或加薪。"杜兰特将施工的图样交给了道恩斯,让他按照图上的要求进行施工。

道恩斯从来没有接受过这方面的培训,压根就不知道该怎么做,可是他知道,这是一个绝佳的机会,如果自己推辞了,将永远没有晋升的机会。于是他认真地钻研图样,并进行了深入的研究和分析,请教了相关的专业人员。终于,他弄明白了这个项目,按照杜兰特的要求,提前完成了任务。

当道恩斯去向杜兰特汇报工作的时候,突然发现紧邻杜兰特办公室的另一间办公室的门上写着:道恩斯经理。杜兰特告诉他,他已经是公司的总经理了,而且年薪在原来的基础上添了两个零。

当时,杜兰特把图样给道恩斯的时候,就知道他看不懂。他就是想要看看道恩斯会怎样处理。结果,道恩斯的表现没有让杜兰特失望,他是一个非常努力工作的人,即使在薪水没有涨的情况下,也愿意尽自己最大的努力去做好工作。这样的人具有培养前途。

想要老板给你加薪,你就必须给老板足够的加薪理由。通过一个人对待工作的态度,就能够判定这个人是否值得加薪。如果你在工作中尽职尽责、全力以赴,即使你现在的薪水很微薄,将来也一定能够获得相应的回报。

很多员工抱着"付出等于收获"的态度进行工作,在他们看来,老板给的薪水根本不值得自己付出那么多的劳动,于是在工作中敷衍了事。可是,这样一来,你的薪水永远都涨不上去,因为你所做的工作只和你现在的薪水相当。只有你率先做出更多的成绩,老板才能给你更多的薪水。

不要担心自己的努力会被忽视,我们要相信绝大多数的老板都是明智的，他们当然希望自己的员工都能够尽最大的努力工作，因为只有这样，他们才能获得最大的收益。所以，老板一定会根据员工的个人能力、努力程度来给员工加薪的。只要你是个尽职尽责、坚持不懈的人，终会有获得晋升的一天，薪水自然会随之提高。

所以，在职场中，与其绞尽脑汁地想办法让你的老板给你加薪，不如好好地把工作做好。只要你在每一份工作中竭尽所能，你的薪资报酬自然就会提升。

你有什么资源和你能给我什么资源

老板在招聘中，最关心的是员工能给自己带来什么，因此，他们会根据员工的教育经历、工作经验等各方面的信息判断员工是否能够胜任相应的工作，并在岗位上做出成绩。而员工在应聘中，则重视企业环境、企业文化以及企业能给自己什么样的待遇、福利等问题。只有能够满足员工这些需求的企业，才会成为员工应聘的对象。所以，求职是一个双向选择的过程，老板看员工具有什么资源，而员工则看老板能给自己提供什么资源，只有在两者相互契合的情况下，求职才能成功。

作为员工，在求职的过程中，不仅要关注企业能给自己带来什么，更重要的是要看自己能给企业带去什么，只要你能够尽可能多地为企业带去利润，你就能从企业那里获得更多的资源。

长江实业（集团）有限公司的高层管理人之一，香港和记黄埔有限公司集团董事总经理霍建宁是李嘉诚麾下薪金最高的一个人。

霍建宁之所以能够从李嘉诚那里获得天文数字一般的年薪，是因为他为李嘉诚的企业创造了巨大的经济效益。1979年，从美国留学回来的霍建宁加入了长江实业，1993年，登上了和记黄埔总经理的位置。当时和记黄埔并非是个香饽饽，而是一个烫手的山芋，20世纪80年代后期开始，受到海外业务亏损的拖累，其股价持续走低。霍建宁接手之后，开始大刀阔斧地改革，进行重组，很快扭亏为盈。紧接着，他又借助赫斯基石油的良好表现，在加拿大上市，为集团赢利65亿港元。此外，他还接手处理亏损多年的欧洲电讯业务，运用高超的资本运作技巧，再次扭亏为盈，为集团赢利超过1600亿港元，创造了全球商业界的一个神话。

也许你正在抱怨自己没有得到重用，无法拿到高薪，没有晋升的机会。可是你有没有想过，这也许不是公司的问题，而是你本人的问题，因为你本人不具备给公司带去更多的效益的能力和资源，甚至对于公司来说，你不是资产，而是负债。我们本身的价值决定了在公司的地位，也决定了公司能给我们多少，如果我们是公司的负债的话，根本就没有资格要求公司给我们更多的薪资。

因此，身为职场人士，我们必须时刻关注自身所具备的资源，不要让自身的资源枯竭，只有能够让公司不断地从我们身上发掘出可利用的资源，我们在职场中才能够始终春风得意。如果忽略了这一点，迟早有一天我们会被淘汰。

蔡勇毕业于一家著名的财经学院，毕业之后，他就在一家国企做会计，很快成了这家企业财务部门的骨干。几年以后，随着经验愈加丰富，他跳槽到另外一家企业，当上了这家企业财务部门的副经理。

一直在职场中春风得意的蔡勇，愈发得意，几乎已经攀上顶峰的他开始不思进取，守着副经理的位置，天天浪费生命。他手下的会计师们，都在一边工作，一边考"注册会计师"，这是会计行业的最高职称，而蔡勇只有"中级会计师职称证书"。在他看来，一般的公司对财务经理的要求也不过是中级职称罢了，没有必要去考高级职称。

不久以后，财务部原来的经理离职，身为副经理的蔡勇理所当然地应该接任，可是公司并没有让蔡勇接任，而是从底下选了另外一个考取了"注册会计师"的人当财务部经理。蔡勇自认为经验丰富，比那人要强得多，于是一怒之下离开了公司。

跳槽到另外一家公司的蔡勇开始的时候坐上了财务部门第一把交椅，可是很快，他又被挤了下来。这家公司非常重视中层干部的培训，经常组织一些培训，开设一些讲座。每到这个时候，蔡勇都借故不去。久而久之，老总对他越来越不满，将他撤了下来，自觉没有面子的蔡勇只能再次辞职。

求职是一个双向选择的过程，一旦我们的价值被掏空，就会成为公司的负累，迟早会被公司当作被咀嚼过的甘蔗一样遗弃。在竞争激烈的职场，我们只有不断地提高自己，让自己的价值与公司的需求相吻合，才能确保自己的地位不动摇。

你能给予什么样的环境和你能适应什么样的环境

能够在良好的工作环境中工作是每一个员工梦寐以求的事情，但是每个企业的内部环境都是各不相同的，即使是整体很优秀的企业，在环境上也可能存在某些不足之处。再者说，没有一家企业会为某一个员工量身打造工作环境，不存在瑕疵的企业环境也未必会适合你。因此，作为员工，不应该过分地要求企业环境适合自己，而应该主动适应企业的环境，只有这样，才能在不同的企业中做出良好的成绩。

在职场中，有些员工总是对公司环境吹毛求疵，不是抱怨公司夏天的空调太冷，就是抱怨冬天的暖气不足，甚至还会抱怨公司的办公室太小，让自己受了委屈。有的时候，他们还会把这些与自己工作效率低下联系在一起，为自己开脱。这样的员工又怎么会得到老板的欣赏呢？

王莹是一家公司的职员，说到能力，她当仁不让，在同事当中算得上是第一，可是她却一直都没有得到提升，原因就在于她经常抱怨公司的环境，这不仅让公司的领导不满意，甚至连身边的同事也受不了。

王莹的办公桌正好在荧光灯的下面，这让她十分受不了，她认为强烈的光线刺激让她浑身不舒服，大大影响了她的工作。于是她天天往部门主管的办公室跑，让他换掉那盏荧光灯。主管没有把她的话放在心上，她就把那盏荧光灯关上，自己备了一盏台灯。她自己是舒服了，可她身边的同事都陷入了一片黑暗之中。

每个人对于环境的要求都是不一样的，公司只会按照自己的方式来布置公司的环境，而不会根据某一个员工的观点来布置，所以，公司的环境多多少少都会有让人不满的地方。作为员工，没有必要为了那一点点的不满而与公司进行对抗，毕竟胳膊拧不过大腿。无论在什么样的环境下，做好自己的工作才是最重要的。如果你连公司的环境都无法适应，那你怎么能够做好自己的工作呢？其实，一个人的适应能力也是非常重要的，如果你认为公司的环境会影响你的工作效率，那只能说明你是一个不合格的员工。

公司的环境不仅是指客观的条件，还包括制度环境等，其实对员工影响最大的就是制度环境。有些员工对于公司的制度非常不满，在他们看来，公司的制度就像是紧箍咒一样约束了自己的行为，限制了自己才能的发挥，阻碍了自己提升的脚步。因此，他们常常对公司的制度不满，甚至公然进行对抗。

某公司决定在另外一个城市开拓市场，因此决定从业务部门选拔一批人去那个城市长期驻扎，当然，他们需要一个能力突出的业务人员作为那个城市的负责人。

在这家公司有一个叫黄彬的业务员，是上上之选，因为他一直都是业绩最突出的一个人。可是公司领导经过慎重的考虑之后，还是决定弃之不用。原因就在于他虽然业绩突出，但是不遵守公司的规章制度，如果让他当负责人，可能会搞得一团糟。

黄彬是个自我意识非常强的人，在他看来，公司的制度约束了自己，让自己无法放开手脚，因此，在平时的工作中，他总是表现得与公司的制度格格不入，不接受团队安排，常常单独行动；经常不穿工作服；开会的时候听音乐……以前部门领导也曾经批评过他，但是他仗着自己有能力，软磨硬泡，就是不改掉这些毛病。

公司是一个有机的整体，想要正常运转下去，就必须依靠一定的制度规范，如果每个人都按照自己的习惯进行工作，公司必定会一团糟。因此，无论你的个人能力如何，都不能不遵守公司的制度。聪明的员工不会与公司的制度环境对抗，而是会在公司的制度下，寻找最有效的工作方式。

总而言之，适应能力非常重要，公司提供给我们的环境是不变的，只有我们主动去适应公司环境，才能在工作中做出成绩，成为职场中的佼佼者。

自己主动跳出来和老板怎么没看到我

在职场中，人人都想要升职加薪，可是怎样才能做到升职加薪呢？老板希望自己的员工能够主动站出来让自己看到，而员工则希望自己的老板是伯乐，看到自己的能力和潜力并进行挖掘。可惜老板虽然是伯乐，却不是专属于你一个人的伯乐，面对众多优秀的员工，老板很容易就忽略你的存在。

虽然说天下没有不行的士兵，只有没把他们摆在合适的位置上的将军，可是士兵成千上万，而将军只有一个，如果士兵不主动站出来，将军又怎么能看到你呢？作为员工，如果想要得到老板的关注，获得升职加薪的机会，就必须主动站出来。

有一个刚到公司报到的女员工，偶然听到公司的总裁每天都会比正常的上班时间提前半个小时到，于是就牢记在心，也提前半个小时来上班。所以她总能在等电梯的时候遇见总裁。

在电梯里，她很自然地和总裁打招呼，总裁也只是点头示意，得知她是公司的新员工，总裁便询问她是哪个部门的，她就回答了，并主动谈起手上正在进行的一个企划方案，她把自己的创意告诉总裁，总裁笑着说不错。

当到达办公室的女员工把创意拿给上司看时，上司却否定了她的想法，还让她多熟悉公司的产品，注意学习借鉴。上司把按照自己的想法修改的企划交给了总裁，结果总裁却让那位上司对企划进行修改，改成那位女员工说的那样。原来，在电梯谈话时，女员工说的创意在总裁那里已经留下了好印象。

后来，她每个星期都会故意制造一两次和总裁电梯巧遇的事情，渐渐地和总裁也熟悉了。总裁有时还会在交谈中无意把公司尚未提上议程的计划向女员工透露。所以，当她在一个大的项目中立下大功时，自然得到了提拔。

在职场中胜出的人未必都是最优秀的人，但一定都是最懂得"露脸"的人。在任何一家公司，没有哪个人敢说自己的能力远远高出了同辈很多，几乎所有的人都是差不多的。在这种状况下，你想通过一鸣惊人的才华吸引老板的关注的可能性微乎其微。只有想办法让老板注意到你的存在，他才会关注你的工作，这样你才能最先获得老板的认可，取得职场的胜利。在很多情况下，老板关注的不是某个员工的工作成绩，而是一个部门或者是整个公司的工作成绩。我们必须争取主动，让自己的才华完全展现在上司的面前，这样他才会认为我们的才华是独一无二的。

其实，在职场中，有很多机会可以让老板关注自己，也有很多方式可以让老板记住自己。

1. 要抓住聚餐酒桌上的机会

几乎每家公司都会举行一些聚会活动，这就是绝佳的靠近老板的机会。这时你可以主动坐在老板的身边，自然地和老板交谈，运用自己的智慧来赢得老板的赏识。

2. 以请教为名，行展现才华之事

通常情况下，没有一个合适的理由，上司是不愿意和我们多谈的。但是如果我们是就工作中的某些事情去请教他，相信他是会乐意听我们说的。这时我们可以通过请教问题将话题引申到某些具体的专业问题上，对于这些问题，我们可以尽情地将自己的独到见解表达出来，这样一次请教的谈话就变成了向上司展现才华的机会。

3. 做好计划安排，主动请示汇报

工作最能体现我们的才华，但是如果我们不采取一点积极的措施，上司是很难在工作中发现我们的才华的。首先，我们可以先就工作做好工作计划，将工作计划交给上司，由他审定。然后，在工作的过程中，我们要主动向上司汇报工作的进度，这样能够展现我们的工作效率高。

4. 开会的时候积极发言

会议也是让上司注意到我们的一个重要机会，所以，我们要牢牢把握住这个机会。开会前，做好充分的准备，开会的时候就可以侃侃而谈，以睿智的言谈征服上司。

职场中的每一个人都是闪闪发光的明珠，上司很难分辨出哪一颗更亮一些，但是如果我们能从那一堆明珠里跳出来，站在一个显眼的地方，我们必然会成为引人注目的那一颗。

我在被老板利用和老板也在为员工打工

"公司是别人的，我只不过是为别人打工罢了。"这样的论调广泛地流传于职场人士之中，也表明了很多职场人士对工作的态度。

的确，我们受雇于老板，就要为老板工作，老板就是要利用我们的能力为其创造价值。事实上，老板在利用我们的同时，我们也在利用老板，利用老板追求职场生涯的发展，实现自己的人生价值。

从表面上看，我们忙碌的上班生活都是在为老板做嫁衣，为老板创造利润。然而事实上，我们也在这一过程中学到了更多的东西，提高了自己的工作能力，并且在工作中展现了自己的才华，得到了认可。几乎任何一个员工都不可能在一家公司待一辈子，你之所以能不断地跳槽，并在跳槽中不断地获得更高的薪水和更高的职位，正是基于你在前一家公司的锻炼。在老板不断利用我们创造价值的同时，我们也在不断地以老板为跳板，逐渐实现自己的职业理想和人生价值。所以，从这个角度来看，老板也在给我们打工。

王宜冰大学毕业之后，在一家广告公司工作，微薄的薪水常常让他很苦恼，有的时候他真的想辞职不干了，但是他又不知道自己能去干什么，没有办法，只能坚持下去。为了能够快速提升自己，让自己赚到更多的钱，王宜冰拼命地工作。

他的努力换来了应得的回报，几年以后，王宜冰就成了这家广告公司的策划经理。在新的工作岗位上，王宜冰接触到了当初做一名普通的设计人员所接触不到的事情。他了解了广告公司的运营模式，并且和广告公司的那些客户建立了良好的关系。后来，他在业界也有了一定的名气，对整个广告行业有了更深的了解。

他觉得自己在广告公司里已经学到了自己想要学的东西，于是他提出了辞职。随后，他注册成立了自己的广告公司。虽然开始的时候，公司的规模比较小，接的广告也都是一些小广告。但是凭借着他在广告行业中多年积累下来的人脉关系，他的广告公

司顺利地运转下去了。在他这样一个内行人的领导之下，广告
公司的发展蒸蒸日上，规模也越来越大，王宜冰终于尝到了成功
滋味。

　　也许你觉得给老板打工非常吃亏，但是如果你没有给老板打工
的经验，你又怎么能保证自己创业一定能成功呢？一个门外汉摸着
石头过河，终究是不大保险的。即使你是一个天资聪颖的人，社会
经验和阅历也是要通过给别人打工得到的。所以，在职场中，老板
和员工的关系并不是简单的利用和被利用的关系，当老板在利用我
们的时候，也给我们提供一个锻炼的平台，借助这样一个平台，我
们的能力逐渐得到提升。

　　无论是想在职场生涯中获得成就，还是要自己创业，都不能缺
少给别人打工的经历。如果你不想单纯地被老板利用，而是想要利
用老板来提升自己，那就请认真地对待工作，将自己的全部才华都
放在工作上。

　　"心态造就人生"，如果你在工作中不思进取，即使你将来拥有
很好的机会，也会因为缺乏足够的经验和阅历而不能成功。工作不
仅是在为老板打工，更是在为自己的梦想打拼。不要再抱怨自己的
工作不如意，也不要再计较自己付出太多，得到太少。你现在每一
分的付出，都会帮助你走向成功。

第四章

进和退的博弈：进一步还是
退一步都是为了赢

进与退是人生的两种状态，有时候进一步就是掌控胜局，有时候退一步就能海阔天空。谁能笑到最后，谁才是最终的赢家。进退之间的博弈并不难，难就难在要有长远眼光，要敢于吃眼前亏，能够在关键时刻果断地做出定夺。

从斗鸡博弈到两败俱伤

世事就像一场棋局，我们都是棋盘上的棋子，只有懂得何时进攻，何时退守，才能取得胜利。如果贸然前进，很可能会落入对手的圈套；如果只知退守，很可能陷入被动挨打的局面。所以，在生活中，当我们碰到进退两难的状况的时候，一定要充分把握形势，理智地做出正确的决断。

斗鸡博弈是博弈论中讲述进退之道的典型例证。假如两个竞争对手狭路相逢，每个人都有两个行动选择，一是进攻，二是后退。如果一方退下来，而对方没有退下来，则对方将会获得最终的胜利；如果对方也退让，则双方打成平手；如果己方没有退下来，而对方退下来，则自己取得胜利；如果两人都前进，其结果只能是两败俱伤。

一只小鹿悠闲地在山上吃草，却不知正面临着巨大的危险，它早就被一只老虎和一只熊给盯上了。老虎和熊都想把小鹿据为己有，但是又不能赶走对方，所以一时间都没有动手。熊走到老虎面前说："老虎大哥，这小鹿跑得很快，需要我们俩合作才能抓到，这样，你绕到后面去，我在前面，来个前后夹攻。"老虎觉得熊说得有道理，于是就绕到了鹿的后面。机警的小鹿听到身后的响动，赶紧拔腿就跑，却与等在前面的熊撞个满怀，被熊一掌打昏。熊得意扬扬地叼着小鹿走，在后面的老虎不干了，大声地喊道："这只鹿也有我的一份，你怎么能据为己有呢？"

熊看了老虎一眼,说:"它是我一掌打昏的,跟你有什么关系?当然应该是我的了。"老虎气急败坏地说:"要不是我在后面赶它,你怎么能抓得住它?"两个家伙互不相让,于是就打了起来,这一架打得昏天黑地,直到双方都没有了力气,只能躺在地上喘着粗气。这个时候,被打昏的小鹿已经醒了过来,拔腿就跑,老虎和熊只能眼睁睁地看着小鹿逃走。

利益之争是现实生活中斗争的根源。每一个人都想实现自己的利益最大化,因此,当发现有人会和自己抢夺的时候,就会进行还击。然而,如果双方各不相让,那么最终的结果必然是两败俱伤,谁也无法得到应得的利益,并且还可能要为此付出相应的代价。所以,当利益之争出现的时候,选择适时的退让才是正确的选择。就像两辆车在狭窄的小巷相遇,如果互不相让,那么必然是车毁人亡,如果有一方退出小巷,让对方先过,那么两辆车就都可以过去。

在与他人的博弈中,决定进或退的关键在于我们要在博弈中取得什么。有的时候,表面的胜利并不代表着真正的胜利,因为我们虽然胜过了对方,但是我们并没有真正赢得想要的东西。相反,有的时候,我们看起来是败了,但是却收获了自己想要的东西。所以,进不代表着胜利,退也不代表着失败,是退是进,要看我们的根本利益所在。

蔺相如在渑池之会上保住了和氏璧,功勋卓著,在朝廷中的地位日益上升,赵王封他为上卿。这件事情传到大将军廉颇的耳朵里。廉颇心里很不服气,心想:自己出生入死,固守边界,为赵国立下了汗马功劳,地位反而没有蔺相如高,实在是太可气了。于是他总想找机会羞辱一下蔺相如，让蔺相如下不了台。

蔺相如知道这件事情后，就主动躲着廉颇，很长时间称病不上朝。有一回，蔺相如的马车和廉颇的马车相遇，他马上命人避开。蔺相如的门客看不下去了，说："您是上卿，没有必要怕他啊。"蔺相如说："秦王我都不怕，又怎么会怕他？只不过如果我们两个人闹起来，秦国必定乘虚而入。私事是小，国事为重。"

廉颇知道蔺相如的心意后，为自己的不当言行感到深深后悔，于是上门负荆请罪。就这样，两人成了好朋友。从此，一文一武，守卫着赵国，秦国再也不敢随意来犯了。

总而言之，两败俱伤不是我们在博弈中想要的结局，所以，在与他人进行博弈的时候，我们一定要尽量避免与对方发生正面而激烈的冲突，除非对方紧咬不放，力图将我们逼入绝境。有的时候，即使牺牲一点利益也比两败俱伤要好得多。当我们陷入进退两难的境地的时候，一定要选择最优的策略。

妥协——斗鸡博弈的精髓

妥协在很多时候会被人们视为懦弱的表现，在他们看来，一个人不敢在别人面前坚持己见，不敢与他人据理力争就是懦弱。然而事实上，妥协并非懦弱，而是一种生存智慧，一种处世哲学。在人生博弈中，当我们处在艰难的环境中时，如果不妥协，那就是以卵击石，自取灭亡；在与他人发生争执的时候，如果不妥协，就会两败俱伤。所以，妥协是一种高明的博弈策略，它是建立在某种条件下的共识，适时地妥协不仅能保存自己的力量，还能让我们更好地完成博弈，在人生中收获更多。

在与他人博弈的过程中，我们不可能永远都处于上风，当别人的实力超过我们的时候，如果我们不肯妥协，那必然会被对方"消灭"，再也没有参与博弈的机会。相反，如果我们能与对方妥协，那么则可能麻痹对方，让对方放松警惕，这样我们就获得了生存的机会，也就有了将来再次进行博弈的机会。

陈平是西汉的开国功臣，西汉开国之后，刘邦封其为曲逆侯。后刘邦死，惠帝刘盈继位，大权掌握在吕后手中。吕后专横跋扈，陈平深感不满。但是陈平知道吕后心狠手辣，又极其猜忌先帝的老臣，为此，陈平假装放浪形骸，行为不检，整天沉溺于酒色之中。在朝堂之上，陈平也一言不发，从不直接与吕后发生冲突。

那个时候的陈平还是丞相，可谓位高权重，连他都这样做，朝中的大臣谁还能做什么，所以吕后对陈平很满意。后来，吕后决定封吕氏子弟为王，于是征求大臣的意见，所谓征求意见，也不过是走个形式罢了。吕氏子弟封王违背了汉高祖刘邦订立的"白马之盟"，于是生性直爽的王陵说："高祖曾经杀白马订立盟约，规定凡是不姓刘的人当王时，天下人应联合起来讨伐。现在立吕姓的人为王，是违背先帝的誓约。"吕后听完很不高兴，转而问陈平的意见。

陈平恭敬地回答说："以前高祖平定天下之后，便拥立姓刘的子弟为王，现在是太后当政，想立姓吕的子弟为王，没有什么不可以的。"吕后对陈平的话非常满意。后来吕后大封吕氏诸王，王陵对陈平极其不满，说他不知据理力争，枉为丞相。陈平则说："据理力争，我不如你，但是保住大汉的江山，你则不如我。"

果不其然，对王陵怀恨在心的吕后很快就找了一个借口，剥夺了他的大权，降职为太傅。自感再无作为的王陵请求辞官回归故里，最终死于家中。而陈平则受到了吕后的重用，吕后给予他高官厚禄，以示恩宠。

直到吕后去世，陈平才联合周勃共同谋划，铲除吕氏诸王，诛杀吕产、吕禄等人，将吕氏家族的势力连根拔起，后拥立刘恒为帝，史称汉文帝。

陈平无疑是聪明的。在吕后掌握大权的情况下，如果陈平不肯妥协，非要与吕后对着干，那么他的下场就会和王陵一样。但是陈平妥协了，虽然受到了他人的责骂，但是却获得了翻盘的机会，保住了汉室江山。

耿直是一种优秀的品质，但是却不适用于博弈。耿直的人虽然能够获得别人的赞誉，但却无法实现博弈的最终目的。在博弈中，只有学会妥协，才有机会战胜对方，所以说，妥协是一种生存智慧，也是一种最优的博弈策略，它能够帮助我们笑到最后。

在日常的生活中我们也需要妥协。外部环境从来都不可能完全符合我们的需求，如果我们不懂得妥协，偏要与环境作对，那吃亏的只能是我们自己。比如，你到一家公司上班，但是公司的制度让你感觉很不合理，这个时候你必须向制度妥协，否则你就只能离开公司。人与人之间的相处也需要妥协。每个人都有自己的性格、生活习惯等，我们不可能要求身边的人都适应自己，在与他人相处的时候，只有相互妥协，互谅互让，才能和平共处。比如，同一宿舍的同学之间要互相妥协，才能减少摩擦；夫妻之间只有相互妥协，才能融洽相处。再者，当与他人发生冲突的时候，也需要妥协，比如，别人一不小心踩了你的脚，如果你非咬着不放，那必然会激怒对方，弄不好就要大打出手。所以，妥协是一种处世哲学，只有学会妥协，我们才能很好地生活。

总而言之，善于妥协是一种明智的策略。智者会懂得在恰当的时机接受别人的妥协，或向别人妥协，毕竟人要生存，靠的是理性，而不是意气。当然，妥协不是不讲原则。一味地、无原则地让步，不是妥协，是懦弱、是倒退。

退是策略，进才是目的

在人生的博弈中，进始终是主基调，而退只是一种策略，退的目的就是为了更好地实现进。就像跳远运动一样，想要跳得更远，我们必须先往后退几步。所以，在人生的博弈中，我们也应该学会以退为进的策略。

以退为进，这是一种大智慧。当我们主动进攻的时候，往往会引起对方的反感，造成激烈的冲突。如果我们能够先退一步，那么对方的进攻自然也就不会那么激烈，我们本身所受到的伤害也自然不大。比如，当我们被别人误解的时候，如果我们激烈抗辩，反而会加深别人的误解，如果我们不加辩解，随着时间的推移，真相反而能大白于天下。所以，在生活中，我们要善于使用以退为进的策略保护自己。

汉武帝时期的宰相公孙弘家境贫寒，他从小就养成了节约的好习惯，所以后来虽贵为宰相，吃饭的时候也只有一个荤菜，睡觉只盖普通棉被。然而令他没想到的是，他这样的作风却被别人参了一本。大臣汲黯上奏汉武帝，批评公孙弘位列三公，有相当可观的俸禄，却只盖普通棉被，实质上是使诈以沽名钓誉，目的是为了骗取俭朴清廉的美名。

于是，汉武帝召见公孙弘，当面询问此事，公孙弘回答道："汲黯说得一点没错。满朝大臣中，他与我交情最好，也最了解我。今天他当着众人的面指责我，正是切中了我的要害。我位列三公而只盖普通棉被，生活水准和普通百姓一样，确实是故意装得清廉以沽名钓誉。如果不是汲黯忠心耿耿，陛下怎么会听到对我的这种批评呢？"汉武帝听了公孙弘的这一番话，反倒觉得他为人谦让，就更加尊重他了。

公孙弘的做法正是以退为进的做法，也是当时最好的做法。汉武帝已然在心里认定汲黯的话是事实，争与不争都是一样。在这种情况下，最好的办法就是降低那些话对自己的影响。公孙弘全盘承认汲黯的指责，并且称赞汲黯忠心耿耿，反而让汉武帝觉得他是一个度量大的人，两相比较之下，沽名钓誉也就算不上什么大过错了。所以公孙弘不仅没受到惩罚，还因祸得福，赢得了尊重。

博弈的最终目的是在博弈中实现自己的利益，有的时候退一步也未必就是坏事。表面上看起来退一步是自己吃了亏，而事实上在退步的同时，我们获得了更大的进步的机会，所以，聪明的人在博弈中，是不会计较一时的进退的，他们看到的总是将来的"更进一步"。

当情况不利于自己的时候，采取以退为进的策略是明智的，当对方紧逼过来的时候，如果我们对抗，必然是自取灭亡，如果我们退一步，就能留出一大片回旋的空间。这一片空间正是我们将来反败为胜、更进一步的机会。

所以，聪明的人从来不介意在人生中退步，他们反而会把退当作前进的利器，在进退之间，从容自得，最终赢得辉煌的人生。

凡事且留三分余地

俗话说："凡事留一线，日后好相见。"只有懂得给人留余地的人，才能够最终在博弈中胜出。无论在什么时候，做事都不能做绝，否则就是自绝道路。一个人如果不懂得给他人留余地，自己的道路就会越走越窄。相反，懂得给别人留余地的人，则能够越走越宽。在博弈中，我们要做的是取得最大的收益，如果你对他人不留余地，那么他人必然也不会对你客气，这样一来，你将人心尽失，众叛亲离，成为孤家寡人，恐怕再也难以有取得利益的可能。相反，你给别人留余地，别人自然会感念你的恩情，给予你相应的回报，这样你必将在人生博弈中取得大胜利。

官渡之战曹操打败袁绍，从缴获的袁绍的书信中发现了很多许都官员和军中人员给袁绍的投降书。曹操本可以把这些写密信的人抓起来，但他并没有这样做。他命人把密信全部烧掉。他说："当袁绍强大的时候，连我也难自保，何况别人？"

曹操的做法很妥当。纵然将那些人全部抓出来杀了，也毫无意义，倒不如做个顺水人情，这样那些人自然会对自己感激涕零，并更加为自己卖力。无独有偶，东汉的开国皇帝刘秀也曾经做过类似的事情。

刘秀进入邯郸后，检查前朝的公文时发现了大量的辱骂自己，甚至是策划暗杀自己的密信。但是刘秀并没有追究此事，而是将这些信全部烧掉。他的这种做法化敌为友，壮大了自己的力量，成就了帝业。

给旁人留余地或许我们可以做得到，但是给对手留余地就不是每一个人都能做得到的了。很多人都信奉"斩草除根"的法则，对待自己的竞争对手毫不留情，务必将对方赶尽杀绝，以绝后患。在他们看来，只有将对手赶尽杀绝，才能确保自己获得最大的利益。然而事实上，在人生的博弈中，竞争对手是层出不穷的，"野火烧不尽，春风吹又生"。如果我们将对手赶尽杀绝，就是在四处树敌，早晚有一天会陷入四面楚歌的境地。

事实上，对手之间也未必要你死我活，只要合理分配，大家都可以在博弈中取得相应的利益。所以，即使是面对对手，我们也要给对方留下余地。给对方留下余地，不仅让自己多一个朋友，少一个敌人，也能给自己留下好的声誉。

有一次胡雪岩得知英国人哈德逊运来了一批性能先进、装备精良的军火，惯于和洋人做生意的胡雪岩立刻盯上了这块肥肉，他通过老搭档古应春联系到了哈德逊。由于胡雪岩和洋人做生意的时间已经很久了，在洋人的圈子里也有了很大的影响力，所以这笔生意不费吹灰之力就谈成了，哈德逊以每支枪60两银子的价格将枪支卖给了胡雪岩。

就在胡雪岩眼看要赚一大笔钱的时候，业界的很多人纷纷指责胡雪岩做生意不厚道，抢别人的生意，胡雪岩对此感到莫名其妙。当然他也知道这不是空穴来风，于是他让古应春到处去打听，原来哈德逊本来已经以每支枪 55 两银子的价格和另外一个人谈好了这笔生意，就因为胡雪岩插上一脚，哈德逊与那个人的生意就泡汤了。

按理来说，交易没有达成之前，任何人都有权利去争取，胡雪岩这样做也并没有什么不妥，更何况是同行之间的竞争，这是再正常不过的事情了。但是胡雪岩却因为此事感到惴惴不安，自己抢了这笔生意事小，在同行里树立一个敌人事大。

于是胡雪岩决定找到那个人来商量这件事情的解决办法。那个同行知道胡雪岩在这一行里的名头，以他的实力是惹不起胡雪岩的，所以他并不敢向胡雪岩发难，反而担心胡雪岩会借机难为他，使他不能在这一行里立足。胡雪岩当即表示，自己愿意让出这笔生意，并且以每支枪 60 两银子的价格收购他的枪支，这样一来，那个同行每支枪就可以稳赚 5 两银子。

胡雪岩此举不仅赢得了那个同行的尊重和佩服，也在军火行业里引起了不小的震动，人人都夸胡雪岩够仗义。

无论是什么人都不可能永远独领风骚，如果你处在上风，非要将对方赶尽杀绝，那么你早晚将为自己的错误举动付出沉重的代价。争取利益本身没有错，但是你不能想着把所有的利益都据为己有，如果你要独霸天下，把对手赶尽杀绝，那么必然会引起他人共同反击，最终落得惨败收场。总而言之，凡事给人留三分余地是博弈成功的保障。

争一步不如让一步，能屈能伸方为大丈夫

人生总是有潮涨潮落，这就要求我们能屈能伸。当我们处在失

意的状态的时候，要懂得屈身，以韬光养晦，养精蓄锐；当我们处在得意的状态的时候，要勇敢地站出来，实现自己的人生理想。只有这样，我们才能够拥有成功的人生。

在现实生活中，很多人只能做到能伸，却无法做到能屈。在很多人看来，面子很重要，说什么也不能丢了自己的面子，因此在碰到别人的羞辱的时候，明知无法取胜，也要为了面子，和对方干到底，结果，不仅面子没得到，而且把命都搭进去了。面子和尊严不是一回事，面子只是暂时的，尊严才是长久的，我们可以舍去面子，却不能失去尊严。所以，在情况不利于自己的时候，我们应该放下面子，保存自身。为未来挽回面子而屈身是聪明的选择。

韩信在没有发迹之前，流落于市井。有一天，在淮阴城里，韩信碰到了一群混混。其中一个混混侮辱韩信，说道："你的个子比我高大，又喜欢带剑，但内心却是很懦弱的啊。假如你不怕死，那就刺死我；不然，就从我的胯下爬过去。"韩信注视了他一会儿，俯下身子从对方的胯下爬过去。集市上的人都讥笑韩信，以为他的胆子真的很小。

后来，韩信投靠了刘邦，又在萧何的帮助下，成了大将军，在刘邦打天下的过程中，立下了汗马功劳，最终封王拜相，富贵无极。如果当时韩信一怒之下杀了那个小混混，即使不被其他小混混打死，也会吃上官司，就不可能有后来的成就了。

很多时候，我们总会抱怨自己命运不好。可是当你回头想想就会发现，其实并非是自己的命运不好，而是很多时候，我们太过强硬，无论在什么情况下，都为了面子与他人争执，结果处处碰壁。

中国有句老话叫"死要面子活受罪",当我们不具备要面子的能力的时候,就要能够舍弃面子,只有这样,才能够获得发展的机会。比如,在公司里,和上司产生了不同的意见,如果你与他争得脸红脖子粗,那么你在这个公司的前途也就岌岌可危了。

大丈夫要能屈能伸,当我们的对手超越我们的时候,我们没有必要与之发生冲突,飞蛾扑火虽然悲壮,却是拿命换来的。越王勾践身为一国之主,在被吴国打败的时候,能够屈身侍敌,换取敌人的信任,并最终打败吴国。若是勾践为了面子而与吴王硬拼到底,早就成了刀下亡魂了,哪会有后来的成功?

曹操是一代枭雄,但是也并非时刻都处在上风,有好几次都被敌人打得落花流水,在那个时候,他没有为了顾及面子而与敌方做殊死搏斗,而是委曲求全,想办法保全自己。

西凉马腾在许昌意图杀死曹操,谁知事情败露,为曹操所杀。马腾的儿子马超知道这件事之后,率大军前来报仇。曹操连失数城,于是亲自领兵作战,被马超打得大败。曹操逃走,马超在后追赶,只听得西凉军大叫:"穿红袍的是曹操!"曹操马上脱下红袍。又听得有人大叫:"长髯者是曹操!"曹操又拔刀断了自己的胡须。后幸得曹洪相救,才留得一条性命。

赤壁之战,曹操大军被打得七零八落,而他自己只能带着剩下不多的人从华容道逃命,岂知一切都在诸葛亮的掌控之中,曹操被关羽堵截在华容道上。为了活命,曹操向关羽低声下气地求情,并拿自己曾经的恩惠来说服关羽,最终被关羽放了过去,逃回北方。

好汉不吃眼前亏。针尖对麦芒在某些场合是一种耿直与正义的表现，在某些时候却是愚蠢的行为。"留得青山在，不怕没柴烧"，我们要的是博弈的最后胜利，而不是悲壮的失败。忍一时之辱，得一世之成功，这才是最好的博弈策略。

半途而废有时是明智的选择

一提到"半途而废"，很多人肯定会嗤之以鼻，因为无论什么时候，我们都倡导做事的时候要坚持不懈，持之以恒。半途而废一直是被批判的一种行为。然而从博弈的角度来说，并非所有的半途而废都是应该批判的，在某些情况下，半途而废反而是一种明智的选择。

世上的任何事情都不能一概而论，并非所有的事情都应该持之以恒，而应该根据事情的性质来判断。假如一件事情经过我们的长时间的坚持能够最终取得成功，且其最后的收益超出我们所付出的成本，那么这样的事情是值得我们持之以恒地做的。相反，如果一件事情未必能够成功，且成功之后的收益未必抵得上所付出的成本，这个时候，如果再持之以恒，就有违博弈论中取得利益最大化的原则了，这时半途而废就是一个明智的选择。

蜀汉丞相诸葛亮第二次出兵伐魏的时候，选择的攻击地点是魏国西南线要冲——陈仓。早在诸葛亮第一次伐魏无功而返之后，魏国大将曹真就知道诸葛亮二次出兵的时候，必然会选择从陈仓进军，所以，他已经派遣将军郝昭等驻守在陈仓。

郝昭具有大将之才，面对诸葛亮突如其来的围攻，他临危不乱，指挥若定，一次又一次地打退蜀军的进攻。诸葛亮以云梯冲车攻城，郝昭以火箭射其梯，云梯起火，人皆烧死，以绳连石磨压其冲车，冲车折毁。诸葛亮又挖地道，欲入城，郝昭于城内掘地，诸葛亮之计失败。

诸葛亮急攻了 20 多天，也未能将小小的陈仓拿下。这个时候，曹真已然知道诸葛亮围困陈仓，于是派遣将军费耀等率兵援助。魏明帝曹叡也知道了这件事情，派遣精兵前往解围。

诸葛亮在陈仓耽搁 20 多天，粮草已然不济，再加上被人断了粮道，成功的希望非常渺茫。无奈之下，诸葛亮只能紧急撤军，否则一旦曹军形成合围，内外夹攻，蜀军必然要大败。虽然眼看再有几天就可以拿下陈仓，诸葛亮还是选择了退兵。

诸葛亮的选择无疑是明智的，虽然此次无功而返，未能取得魏国一寸土地，但是起码可以保存蜀军的实力，以备日后再战。

很多时候，眼看胜利在望，半途而废是非常可惜的。但是如果不半途而废，将会为之付出沉重的代价，得不偿失。比如说，参加 10000 米的长跑比赛，只要再坚持 1000 米，就可以到达终点，但是这个时候，你的体力已经严重透支，如果再坚持下去，恐怕会有生命危险，那么你还会为了眼前的胜利而坚持吗？所以，持之以恒未必值得赞赏，半途而废也未必应该贬损。到底该怎样，要根据成本与收益进行判断。

盲目地持之以恒比半途而废更加可怕，它可能会给我们带来严重的危害。很多时候，我们之所以不愿意半途而废，不是因为我们有信心能完成这件事情，而是为了一时的意气之争。结果我们为了意气之争而让自己陷入了失败的境地。

20世纪60年代，日本松下公司为了新研制出的大型电子计算机的业务推广，不惜投入了巨额资金开发这一市场板块。可是1964年，总裁松下幸之助却突然召开会议宣布放弃这个项目。对此公司员工非常不解，他们认为这种半途而废的做法是错的。而松下幸之助却是这样分析的：因为当时大型计算机市场几乎被国际商用机器公司垄断。而富士通、日立等公司也在为抢占计算机市场而费尽心机。公司的决策已经出现错误，如果继续错下去，就可能满盘皆输。后来，事实证明松下幸之助的这个决定是明智的，他们既没有强行与国际商用机器公司抗争，也没有与富士通、日立为伍，而是专注于发展企业传统产品，走出了松下的特色之路。

世上的事情总是难以捉摸的，我们不可能在做一件事情之前就预料到结果，所以我们更加需要"半途而废的精神"，一旦意识到坚持下去对自己有百害而无一利的时候，就应该果断地放弃。只有真正能领悟到半途而废的精神，才能在人生博弈中，少走弯路，少走错路，最终获得最大的回报。

功成身退，避免"兔死狗烹"的结局

"功成身退"是指一个人能把握住机会，获得一定成功后，见好就收。"狡兔死，走狗烹；飞鸟尽，良弓藏"的道理是人人都明白的，但是几千年来，总是有人无法看透名利，最终因此而丧命。

"识时务者为俊杰"，时势给予我们机会，让我们获得巨大成就的时候，我们要懂得把握，同样，当时势不利于我们，将会给我们带来灾祸的时候，我们也要能够看得出才行。只有这样，我们才能够抓住时机，顺势而上，博得功成名就，才能在适当的时候，归于田园，享受美好的生活。

范蠡本是越王勾践身边的大夫，足智多谋，为越国立下了汗马功劳。当初越国被吴国打败，眼看国家就要被灭掉，范蠡建议越王勾践屈身侍敌，以保全国家。然后他又与文种一起策划，去贿赂吴国的太宰嚭，在太宰嚭的帮助下，吴王阖闾答应保全越国。

越王勾践在吴国的时候，范蠡大力促进越国发展。五年之后，他又通过一系列的策划，帮助勾践回到越国。越王勾践不忘雪耻，卧薪尝胆，终于在 20 年后，将吴国灭掉。范蠡在这个过程中功勋卓著，却在功成名就之后，向勾践提出离开。

范蠡是一个聪明人，他知道越王勾践是一个可以共苦，却不可同甘的人，为了避免"兔死狗烹"的下场，他在被任命为大将军后，立刻表明自己要归隐山林。范蠡在离开之前，去见了自己的好朋友大夫文种，劝他也尽早离开，但是文种不听他的劝告，范蠡也没有办法。最终，文种被勾践赐死。

范蠡为了彻底断绝与勾践的来往，搬到齐国居住。到了齐国之后，范蠡再也不涉足政事，而是与儿子一起经商。他高明的经营手段使自己很快积累了巨额的财富，成为富甲一方的大富豪。成为富豪之后，范蠡的名声又大了，这传到了齐王的耳朵里，齐王也非常欣赏他的能力，于是派人请他去做齐国的宰相，却被范蠡婉言拒绝。

为了躲避齐王的纠缠，他散尽家财，带着家人离开了齐国，到了陶地。不久之后，他在陶地又经商成功，拥有百万家财。从此以后，人们就称他为"陶朱公"。

功成身退是明哲保身的好办法。世上的功名利禄不会永远留给一个人，当时势发生变化的时候，我们要明白，这已经不是属于我们的时代，我们所要取得的成就已经到手了，必须给别人留下取得成就的机会。无论是谁，当你所拥有的东西过多，影响了别人的利益的时候，就是灾祸即将发生的时候，如果在这个时候，你还不能从功名富贵中走出，那么你必然会成为一个牺牲品。如果你能够主动退出，或许还可以保全自己。

借鉴功成身退的做法，对于我们的人生也是有帮助的。在单位里，我们尽量做到不争功，方能显示出自己的博大胸怀，赢得更多人的赞赏，这算是一种以退为进的策略；同时，我们在事业有成的时候，也要学会见好就收，不能贪心不足，该收手的时候就要收手。总之，懂得功成身退才能拥有一个潇洒不羁的人生。

第五章

谈判双方的博弈：让不同利益目标融合的过程

谈判双方都想在谈判的过程中为自己赢得最大的利益，即使最终以双赢的局面结束，在利益的获得上，也并不均衡。那么我们该如何利用博弈论的策略，让不同的利益目标逐渐融合，使谈判顺利进行下去，并且在这个过程中，尽可能多地获得利益呢？

想要多赢一点，开价时就要夸张一点

谈判实质上就是一场博弈，双方都想在谈判中为自己争取最大的利益，因此，在谈判中，我们要懂得用一些谋略，只有这样，才能在达成谈判协议的基础上，实现利益的最大化。开价高一点就是一个非常实用的策略，在谈判中，我们都有自己所能接受的底线，但是我们不能在一开始就向对方表明自己的底线，否则我们将在谈判中失去主动权，不仅不能实现利益最大化，而且可能导致谈判的破裂。

李军作为公司的业务代表，与另外一家合作公司进行谈判。在谈判桌上，双方剑拔弩张，好长时间都没谈出结果。年轻气盛的李军沉不住气，直接报出了公司所能接受的底线，并表示如果对方不能接受，那么合作就此作罢。

对方自然不会如此轻易地答应李军的条件，在他们看来，李军所开出的并不是底线，还有谈判的空间，于是继续与李军进行商谈。李军却只能咬紧牙关不松口，毕竟自己无权代表公司再做让步。对方公司代表见李军一点都不松口，就认为他没有合作的诚意，于是就结束了谈判，两家公司的合作也就作罢了。

在谈判中，开价高于自己理想的价格是永远实用的一条策略。谈判的过程本就是双方相互讨价还价，并相互妥协的过程。如果你开的价格与自己所能接受的价格一样的话，那么谈判就没有了讨价还价的余地，这样谈判根本就无法进行下去。所以，只有开价高于自己理想的价格，才能使谈判顺利进行，并取得最大的利益。

首先，开价高一点可以帮助我们以更高的价格成交。谈判成功是基于双方的相互妥协，在妥协的基础上，只要我们能尽量争取，就有可能以高于理想价的价格成交。比如，一件衣服实际上200元，在卖的时候，我们可以开价300元，这样，经过一番讨价还价之后，我们就可能以250元的价格成交。这样，我们就赚到了50元。

其次，开价高一点可以给谈判留下更大的空间，增加谈判成功的机会。我们在开始的时候给出一个较高的价格，在谈判中就可以不断让步，这样就让对方认为自己在谈判中取得了胜利，并愿意与我们达成协议。相反，如果我们一开始就亮出实价，谈判必然会举步维艰，最终很可能会失败。

谈判的过程就是为自己争取利益的过程，所以，我们要善于利用高价给对方造成赢的假象，只有这样，对方才能欣然接受与我们的交易。在谈判中最忌讳的就是一开始就给对方优惠。比如，一家公司在招标，面对激烈的竞争，如果你为了争取合作，开始就给对方最优的价格，那么对方就失去了在谈判中寻求优惠的可能，也就很难答应与你合作。

再次，高价会增加你的产品或服务的外在价值。在人们的眼中，价格的高低与质量和服务的优劣是成正比关系的，高价就意味着高质量和优服务。如果我们在一开始的时候就给予对方最低的价格，那么反而会让对方怀疑我们的质量和服务水准。这会让他们对价格的要求更加苛刻，在这种情况下，我们势必要再顺从对方的意思，给予价格上的优惠，否则谈判注定要失败。就像买衣服一样，在大型的商场里买衣服，再贵也会毫不犹豫地买下，在地摊上买便宜衣服，反而会挑三拣四。

最后，高价可以避免因谈判对手自负而造成的僵局。假设在谈判中，你开出的价格恰好是对方的底线，这会让对方觉得他在谈判中完全没有自主权，被你牵着鼻子走。这会让他非常不舒服。对方很有可能因此而拒绝你的条件，从而使谈判陷入僵局。假设你开出的价格高于对方的底线，对方就可以在谈判中让你的价格逐渐降低至他所能接受的底线，这会让他很有成就感。

有人曾经说过："谈判桌上的结果取决于你的要求夸大了多少。"意思就是说，你最终能够在谈判中获得多大的利益，取决于你开始的时候要多少价格。在谈判博弈中，双方都有自己的理想价格，谈判就是谈判双方各自基于自己的理想价格进行的一场拉锯战。当然，开价高也要在一定的范围之内，毕竟谁都不是傻子，如果高得离谱，会让对方认为我们不真诚，从而失去与我们谈判的兴趣。

"不同意就拉倒"的谈判策略

在我们的印象中，谈判就是双方的唇枪舌剑，但是这样的谈判到最后未必能够取得理想的效果，有的时候，由于双方都不能说服对方，谈判可能会无休止地进行下去，这样将会极大地浪费我们的时间和精力。所以，有的时候，我们不妨用一种直截了当的方式进行谈判，那就是"不同意就拉倒"，这种谈判策略只要使用得当，既可以避免谈判无限延迟，又可以促使谈判以理想的结果结束。

一家工厂要购买一批设备，于是公开了采购计划，很快就有很多家公司的业务人员上门，经过遴选，这家公司选中了其中一家规模较大、信誉较好的公司。于是双方开始就交易的具体事项进行谈判。

谈判的过程很是艰辛，其他方面的东西，比如送货方式等都好谈，关键是价格一直谈不拢。那家公司抛出的销售价格过高，超出了工厂的预算。所以，工厂方面一直在谈判中争取较低的价格，可是对方降的幅度太小，工厂还是不能接受。

工厂方面开始着急了，如果谈判再这样进行下去，不仅很难取得最后的成功，还会耽误工厂的生产。于是工厂方面决定不能再这样被动下去。第二天，在谈判桌上，工厂方面直截了当地给出工厂唯一能接受的价格，然后宣称，如果对方不能接受，那么双方的谈判就结束。那家公司的代表对于工厂一反常态的表现感到很惊讶，不知道对方究竟哪里来的底气，居然这么强硬。于是他们不动声色地暗中调查，终于发现，原来这家工厂已经与另外一家公司在接洽，而那家公司的价格比自己的价格要低得多。那家公司当然不愿意放弃这么大一笔订单，于是在第二天谈判的时候，接受了工厂方面的价格。

双赢对于参与谈判博弈的双方来说是最好的结果，谁都不愿意看到谈判破裂，只不过双方都想在谈判中获取最大的利益。所以，"不同意就拉倒"的谈判策略是可以促进谈判早日成功的。

事实上，"不同意就拉倒"的策略在我们的生活中经常得以运用，比如，手机费用，那是定好的价格，你同意就用，不同意就拉倒。再比如，商场里的标价衣服，你愿意买就买，不愿意买就拉倒，没有人会来与你讨价还价。在买东西的时候，我们也经常会用到这一策略。比如说，我们买一件衣服，和店主砍了一番价格，就会给出一个最低价格，店主可以接受，我们就会买，店主不接受，我们就不买。有的时候，店主也会用这种策略来对付我们。

在谈判中使用这一策略也要注意使用的时机和方式，否则，这样的策略反而会导致谈判失败。那么，在什么时候使用这一策略才是有效的呢？

首先，谈判的双方由于实力悬殊，在谈判桌上的地位也是不同的，占有优势的一方必然希望通过谈判攫取更大的利益，这个时候如果对方挑战了你所能接受的底线，就到了使用"不同意就拉倒"的谈判策略的时候。对方接受的话，双方都获利，对方不接受的话，那就一拍两散。

其次，当我们处在谈判的上风，可以确保自己所给出的条件在对方可接受的范围之内，并且对方别无选择的情况下，"不同意就拉倒"的谈判策略将能让我们获得最大的利益。如果我们所给出的价格超出了对方所能接受的范围，那么对方宁可放弃，也不会以赔本作为谈判成功的代价。如果对方还有多重选择机会，那么我们的策略将会导致谈判破裂。

当然，在使用这种谈判策略的时候，还要注意不能在谈判一开始的时候就使用，那会给人"店大欺客"、咄咄逼人的感觉，这样一来非但不能起到积极的作用，还会触怒对方，导致谈判破裂。总而言之，使用"不同意就拉倒"的谈判策略，最重要的是要让对方在衡量得失之后，觉得与我们合作是最好的结果，只有这样，这种策略才能够生效。

不要轻易暴露自己的底牌

信息资源的多少决定了博弈的胜败，对于参与博弈的人来说，谁能在博弈中掌握更多的信息，谁就能取得最后的胜利。所以，在谈判中，尽可能地掌握对方的信息至关重要，当然，更为重要的是保护自己的信息。只要我们能让自己像谜团一样，让对方捉摸不透，对方就不敢在谈判中随意出招，这样我们就不会在谈判中被对方牵着鼻子走。

对于谈判的双方来说，谈判成功是最重要的，所以双方都会致力于此，与此同时，双方也都想实现自己利益的最大化，所以在谈判中总是会与对方进行利益的争夺。这个时候，如果我们的底牌被对方所知晓，我们就会在谈判中陷入被动，对方会不紧不慢地将我们逼入死角，逼迫我们按照我们的底线进行交易。比如，你代表公司去和另外一家公司谈判，领导给你的底线是200万元的价格，那么在谈判中，你应该以高于200万元的价格成交才对。可是这一信息被对方知道了，你就只能以200万元的价格交易，因为对方不担心你会因为价格过低而不与他们交易，他们完全可以牢牢掌握谈判的主动权，只要你不开出200万元的价格，对方就不会同意。这就像是一场战争一样，还没开始打，你的底细就被对方知道了，哪里还有胜算？

王琛和同事一起代表公司和另外一家公司进行谈判，头一天谈判时，因为双方都不敢开出太离谱的价格，毕竟谁都不想因为价格的离谱而导致谈判失败，所以双方都是试探性地给出了一个价格，然后就中止了谈判。

第二天，对方的态度却来了个大转变，无论王琛和同事开出什么样的价格，对方都不接受，而且一点也不担心自己会翻脸。在这场谈判中，王琛和同事一让再让，还是没能达成协议。

王琛和同事回到住处之后，仔细分析谈判的过程，不知道到底是哪个环节出了问题，想来想去，他们也没想出来。其实，这一切都是因为他们的底牌过早地露了出来。第一天谈判结束的时候，对方公司派人来请两人去喝酒，酒桌上无话不谈，喝多了的两个人，在对方的套问下，把自己的底牌说给了对方。

这一次的谈判，王琛和同事使尽浑身解数，也没能为公司争取多一分的利益。最终，他们只能无奈地接受了对方所提出的条件，也就是他们那天向对方吐露的底价。

每个人都希望在谈判中实现自己的利益最大化，如果你在谈判之初，就一股脑儿地将自己的底牌告诉对方，那么对方就会觉得可以要求更多，自然不会爽快地与你签约。这样一来，谈判就成了一个只有你妥协，而对方不妥协的过程，这样的谈判，最终会让你所能得到的利益趋于最小。

所以，在谈判中，我们一定不可以轻易地将自己的底牌告诉对方，在谈判的过程中，我们没有必要说太多的话，对方对我们的信息了解得越少，对我们越是有利。只要我们守住自己的底牌，对方就会为了取得谈判的最后成功向我们妥协，这样，谈判才能良性地进行，在试探性的价格接触上，双方才能够展开真正的博弈，我们才能够尽可能地从中获利。

保持威胁的可信性

在谈判中，有效的威胁可以促使谈判的成功，使谈判的最终结果与自己预想的结果相差无几。但是如果我们的威胁不具有可信性，那么则会把谈判推向不利于自己的境地。

威胁并非是实质性的行动，但是却具有很大的作用，当对方对你的威胁深信不疑的时候，往往会主动让步。所以，在谈判桌上，我们一定要让自己的威胁保持一定的可信性，否则将会适得其反。

一家公司需要更新公司里的所有电脑，于是找到了一家卖电脑的商场。在谈判开始之前，这家公司就对商场进行了一番详细的调查，这家商场由于进货太多，再加上销路不畅，所以积压了一大批电脑。所以，谈判开始的时候，这家公司就给出了一个相对较低的价格，商场以价格太低无法接受为由拒绝了这家公司。谈判就此进入了僵持阶段。

后来，商场为了促使谈判继续下去，决定在谈判中对这家公司施压。他们告诉这家公司，现在有好几个客户等着购买电脑，如果这家公司不提高价格，商场就会选择与其他客户签约。商场满以为对方听了这个消息之后，会马上找自己商谈，但是没想到的是，这家公司听到消息后，立刻结束了谈判，找了另外一家商场，签订了合约。这让商场后悔莫及，本来可以让这些滞销的电脑销售出去，谁知一个不小心，损失了这样一个大客户。

任何人和单位都不喜欢受到别人的威胁，而为了谈判成功，又不得不做出让步。但是如果你的威胁是假的，那么必然会触怒对方。这样一来，本来有机会成功的谈判，也会因为你无中生有的威胁而失败。

威胁是对谈判桌上不肯合作的对方进行惩罚的信号，所以，你就必须确保你的威胁具有足够大的威力，否则，不是你去威胁别人，而是别人反过来给你一巴掌。所以，让威胁能够动摇对方是我们在威胁对方的时候必须要做的功课。

某地打算修建一个炼钢厂，需要采购一台大型轧钢机。当地政府决定采购德国制造的轧钢机，因为德国的轧钢机质量好。但是为了能够以最低的价格采购到德国的设备，当地政府采取了威胁的方式进行招标。

当德国客商赶来的时候，发现自己并没有被包括在投标名单中。于是他去见负责此事的官员，可是该官员却避而不见，也不做出任何解释。这让他如热锅上的蚂蚁。等到接到英、法、日、美等国竞争者提出的报价之后，采购官员约见了那位德国客商，给他看了那份报价单，并且向他表示，如果他能提出一个比最低的报价还少5%的报价，就有可能赢得订单。

面对这样的威胁，德国客商只能选择妥协。然而，那位采购官员对对方报来的价位竟然无动于衷。就在他以为这桩生意泡汤了的时候，那名官员又接见了他。这一回，官员又拿出了一份新的报价单，这张新的报价单比德国公司的报价低2.5%。官员表示，如果他能再次把价格降低3%，就可以得到这份订单。

没有办法，由于当时国际市场的大型轧钢机销路不好，好不容易有了机会,他只能抓住。最终德国人只好同意把价格再降低 3%。

当地官员通过不断威胁的方式,让自己做成了一笔买卖。

威胁的目的是为了让对方妥协,所以,我们必须让自己的威胁具有可信性。可信的威胁就如同一把利刃,可以直接插入对方的"心脏,"让对方不得不妥协。只要对方肯妥协,我们就可以在谈判中占据优势,实现利益的最大化。

冷热水效应:借用冷热温差巧达目的

鲁迅先生说:"如果有人提议在房子墙壁上开个窗口,势必会遭到众人的反对,窗口肯定开不成。可是如果提议把房顶扒掉,众人则会相应退让,同意开个窗口。"鲁迅先生的精辟论述正是对冷热水效应的最好说明。很多时候,我们的提议很难被别人接受,但是如果我们能够先给对方一个更坏的选择,然后再给他我们的意见,那么对方就会同意。这种说服别人的方法在谈判中也非常适用,如果你想让对方接受"一盆温水",为了不使他拒绝,不妨先让他试试"冷水"的滋味,再将"温水"端上,如此他就会欣然接受了。

在谈判中利用冷热水效应让对方接受自己的条件,最好是两个人配合使用,也就是说,在谈判的过程中,一个扮好人,一个扮恶人,双管齐下。比如说,在谈判的过程中,你和自己的同事,可以一个扮"红脸",一个扮"白脸",在谈判桌上就谈判内容进行争执,这样对方就会从你们的争执中进行比较,最终接受相对容易接受的交易方案。听起来,这样的谈判策略很容易被识破,但是事实上却经常能够产生作用。

　　亿万富豪杰克斯想要购买一批飞机，按照计划，他打算购买34架，即使买不到34架，最少也要买到11架。为了能够如愿以偿地完成采购计划，杰克斯亲自与飞机制造商洽谈，可是财大气粗的他似乎并不擅长谈判，一连好几天，谈判都没有任何进展。杰克斯一怒之下，拂袖而去。

　　谈判虽然没谈成，但是飞机还是要买，这一次他找了一个代理人，代替他去谈判。他告诉代理人，只要能够买到11架，他就很满意了。可是令他没想到的是，谈判很快就有了结果，代理人轻松地买下了34架飞机。

　　杰克斯非常佩服代理人的本事，他很想知道代理人是怎样做到的。代理人的回答让杰克斯哭笑不得。"很简单，每次谈判一陷入僵局，我便问他们——你们到底是希望和我谈呢，还是希望再请杰克斯本人出面来谈？经我这么一问，对方只好乖乖地说：'算了算了，一切就照你的意思办吧！'"

　　谈判中的冷热水效应利用，其实就是一出双簧戏。在谈判桌上，双方本来就是针锋相对、锱铢必较的，所以，只要你能够让对方先感受到"冷水"的感觉，然后让另一人给对方"温水"，这样，他就会从中比较，最终接受"温水"，而"温水"正是你理想的成交方案。在谈判中使用冷热水效应时，最重要的是两个人的配合，只有天衣无缝的配合，才能发挥冷热水效应，轻松赢得谈判的胜利。

　　在谈判中，两人配合实际上就是一个唱"红脸"，一个唱"白脸"，唱"白脸"者要在谈判中保持强硬态度，不给对方一丝讨价还价的空间，而唱"红脸"者则应该充当和稀泥的角色，给予对方相应的让步，这样，对方显然会与唱"红脸"者站在一起，达成协议。那么这一策略在谈判中该如何具体地运用呢？

首先，第一次与对方谈判的时候，一定要针锋相对，丝毫不让，这样就会给对方留下谈判不好进行、让步空间狭小的印象。由此，对方将会大幅度地降低在谈判中获益的心理期待，为下一步"红脸"的出现，打下良好的基础。

其次，在进一步的谈判中，扮演"白脸"角色的人要进一步给对方施压，让对方产生"真不想再和这种人谈下去了"的想法。这个时候，谈判必然要陷入僵局，"红脸"就可以以和平使者的身份出场了，"红脸"出场的目的就是为了在谈判中让步，让谈判顺利进行下去。在谈判陷入僵局，眼看就要破裂的情况下，"红脸"适时出现，促使谈判进行下去，必然会让对方产生好感。这样，来回几次，对方就会越来越倾向于与"红脸"进行谈判，对于"红脸"开出的条件，也会做出适当的让步。

最后，"红脸"就可以提出自己的谈判条件，并声明这是自己费了九牛二虎之力争取来的最大让步。对方眼看和这么一个好说话的人谈判，也只能谈到这个程度，就不会再奢望你会再做让步，谈判也就可以成功了。

牢记谈判的目的：不是我们卖，而是使之买

妥协是完成谈判的重要手段，任何一次成功的谈判都离不开妥协。谈判总是围绕着一定的利益进行的，而谈判双方都需要从谈判

中获得利益，所以，谈判双方必须通过谈判桌前的针锋相对，互相协调，最终得到一个双方都能接受的结果。如果谈判的一方态度强硬，丝毫都不妥协，那么另一方就无法从谈判中获得相对好的结果。所以，我们在谈判中一定要懂得适时妥协，以妥协的方式促使谈判的成功。

我们要始终记得，只有谈判的双方能够达成协议，并进行良好的合作，我们所追求的利益才可以实现。所以，双赢是谈判的最好结果。在谈判中，我们一定不能只想着实现自己的利益最大化而忽略对方的利益，否则谈判必将以失败告终。如果我们在谈判中以高高在上的姿态与对方对话，必然会招来对方的反感和激烈的对抗，并最终致使谈判破裂。所以，在谈判的过程中，我们不能只等着对方让步，在必要的情况下，应该主动让步，只有这样，才能让对方看到我们谈判的诚意，进而愿意与我们谈下去。

20世纪70年代，日本名古屋一家电力公司遭到了大量居民的投诉，原因就是其没有处理好废水问题，结果导致大量的海洋生物死亡，这严重地影响了渔民的生计。大批愤怒的渔民闯进了公司经理的办公室，他们一方面要求电力公司减少废水排放，一方面要求赔偿他们的经济损失。

其实，这家电力公司并非故意不处理废水，公司也一直致力于解决这个问题。但是由于成本太大，公司不得不放弃，只能选择将废水直接排放到海洋中。接到居民的投诉之后，电力公司不得不采用低硫燃料以减少环境污染。可是这样一来，电力成本大大提高，电力公司不得不上调电价，这又引来了当地居民的不满。于是电力公司决定在附近建设几座核电站以改变目前的局面，但是出于安全的考虑，当地的居民还是坚决不同意。这家电力公司陷入了进退两难的境地。

这家电力公司知道，如果不解决好这一问题，公司即将面临倒闭的危险。但是如果对居民采取强硬的措施，只会引来当地居民的激烈对抗，到那时候，局面将更加难以收拾。所以，电力公司决定向当地居民妥协。公司派出大量人员走访当地的渔民，倾听渔民的心声，对渔民的损失表示同情，并承诺一定会给予他们相应的补偿。电力公司的态度赢得了渔民的好感，待他们怒气平息之后，电力公司又将公司目前所面临的处境以及公司为了改变这一处境而做出的努力告诉了渔民，这让渔民认为这是一家具有社会责任感的公司。最后，渔民不仅对电力公司表示了理解，还积极地出谋划策。最终，电力公司与渔民的矛盾得以解决，公司也从困境中走了出来。

妥协是一种谈判的策略，是谈判者用主动满足对方需求的方式来使自己的需求得到满足的高明策略。妥协并非是无原则的让步，而是基于能够为自己带来利益的基础之上的，每一次的妥协都应该能够最大限度地实现自己的目标价值。

作为一个高明的谈判者，应该懂得使用妥协策略。温和的妥协比之激烈的对抗更加能够打动人心，适时的妥协能够让对方获得好处，对方自然愿意与我们达成协议。懂得运用妥协策略的谈判者往往能够把妥协当作解决问题的有效手段，甚至可以依靠妥协让自己在谈判中处于有利的地位。妥协并不意味着软弱，它的实质是以退为进、以守为攻，它是谈判中不可缺少的艺术。很多时候，看似软弱的妥协在谈判中往往比针锋相对更加有力度。

把谈判拖延到最后一分钟

时间在谈判的过程中有着重要的意义，通过对时间的掌控，我们往往能够在谈判中获得最大的利益。有的时候，我们需要"争分夺秒"地谈判，因为在短时间内完成谈判可以帮助我们节约时间和精力。但是有的时候，我们也需要尽量地拖延时间，把谈判拖延到最后一分钟往往也能够收到奇效，让我们在拖延中取得最大利益。

谈判的双方对于时间的要求是不一致的，有的时候，我们并不着急一时之间达成协议，这个时候，我们就可以拖延。而如果对方恰巧急于完成交易，那么他必然会做出最大的让步，我们就能在谈判中占据上风。即使对方也不着急，我们也能够在拖延中寻找合适的时机主动出击，赢得谈判的胜利。

某电子仪器厂打算引进一条电子产品生产流水线，经过审慎考虑，决定与日本一家公司合作。但是这家日本公司的报价太高，超出了这家电子仪器厂的可接受范围。所以，双方就价格问题开始了谈判。

谈判开始的时候，日方就抛出了较高的价格，中方当然不能同意，于是双方展开了辩论。几轮谈判下来，没有取得任何实质性的进展，日方依然高调宣称，自己公司的生产线是全世界最优秀的，宁可不成交也不可能降价。在日方的高压下，谈判进入了僵局，再也无法进行下去。

中方在这场谈判中始终处在弱势地位，因为中方看中了这条流水线，必须要购买，日方正是抓住了这一点，不断地向中方施压。如果再这样下去，中方迟早要输掉这场谈判。于是中方的代表决定摆脱日方的压制，于是他们到日本去搜集相关的信息，终于找到了一条对谈判有利的重要信息：日方的产品受到韩国几家同类工厂产品的冲击，韩国生产线目前正在与之争夺市场，日方对此深感头疼。有了这条信息，中方谈判代表们有了底气，于是决定终止谈判，并告诉日方让他们等待中方的决定。

日方认为中方已经到了山穷水尽的地步，只能妥协，所以就答应了中方的要求。可是令日方没想到的是，中方迟迟没有给出答复，并且不告知原因。日方有点坐不住了，因为他们急需完成这笔交易。于是他们也开始搜集中方信息，得到的信息更是让他们大吃一惊，原来中方已经派人去韩国考察了，并且邀请韩国方面代表前来中国。

原本高枕无忧的日方意识到事情的严重性，再拖延下去对于自己是没有任何好处的。于是日方主动向中方提出恢复谈判，可是中方给出的回应却是"暂不需要产品"。这一来日方更是担忧，生怕中方再拖延，赶紧找第三方对中方进行游说，并表示愿意让利销售，这才让中方重新回到了谈判桌上。

这一次的谈判，中方占据了上风，日方再也没有了开始时的嚣张气焰。在中方的要求下，日方重新给出了报价。最终，中方以满意的价格同日方达成了谈判协议。

拖延是谈判中的一种非常有效的策略，它可以发挥以静制动的作用，利用对方焦急的心理给对方施加压力，从而以最有利于自己的条件达成协议。不仅如此，拖延还能在谈判中发挥其他的作用。

1. 清除谈判中的障碍

谈判的过程中总是有一些问题会影响谈判的进程，如果不清除这些障碍，即使再谈下去也不会有好的结果。所以，我们可以利用拖延的方式，把谈判的节奏放缓，给自己更多的时间去寻找并清除障碍。比如说，在谈判快要结束的时候，一方突然对对方开出的条件横挑鼻子竖挑眼，这让对方大感不解。于是对方主动暂停谈判，然后经过多方打听，才知道原来那家公司认为在谈判中吃了亏。于是在重启谈判的时候，对方的代表当场算了一笔账，合约立刻就签成了。

2. 消磨意志

拖延战术是对谈判者意志施压的一种最常用的办法。突然停止谈判比在谈判桌上与对方唇枪舌剑更能让对方暴跳如雷。当你无限期地拖延的时候，对方就有可能会沉不住气而主动来找你，到那个时候，你就可以占据优势。当你一次又一次地拖延的时候，对方一定会被你搞得精疲力竭。

第六章 ▷

**买者与卖者的博弈：买
的不如卖的精**

买与卖就是一场博弈，在这场博弈中，买的人想以最低的价格买下心仪的商品，卖的人则想以最高的价格卖出，而成交则是买卖双方共同的意愿。那么，买卖之间到底藏着什么样的玄机呢？怎样才能促成交易呢？

信息资源占有量是市场交易的判决卡

在买卖双方的博弈中，对信息掌握的多少往往决定了谁能够在博弈中占据更有利的地位。通常情况下，卖方往往比买方掌握的信息更加充分，所以，在买卖双方博弈的过程中，卖方可以通过向买方传输信息而获益。比如说，你去买一台电脑，但是对电脑方面的知识却极其匮乏，于是在与卖方讨价还价的过程中，卖方肯定会以不断地向你提及该电脑的优点的方式劝说你以他所说的价格购买电脑。而你因为不具备这方面的信息无法反驳对方，所以只能被动地接受他的观点，认为物有所值，最终卖方将在博弈中取得胜利。

所以，如果你想在与卖方进行博弈的过程中取得胜利，就必须尽量改变信息不对称的状况，让自己充分掌握产品信息，只有这样，你才能掌握博弈的筹码，与卖方进行讨价还价，并最终以合理的价格购买商品。

小昭是宿舍里有名的砍价专家，每次宿舍里有人要买东西的时候，都会邀她一起去。一天早晨，她就被同宿舍的舍友拉起来去逛街了。舍友准备去买件衣服，但是又没有打算去大商场里买，如果不砍价的话，必然会吃大亏，所以就叫上小昭一起去。

她们来到一家服装店门口，老板娘满脸笑意地迎了过来。挑来挑去，舍友看中了一条裙子，于是向老板娘询问价格，老板娘看出她非常喜欢这条裙子，所以给出了 350 元钱的高价。小昭的舍友一听价格就放下了裙子，准备走人。老板娘赶紧拦住说："你给多少啊?"舍友用求助的眼光看着小昭,小昭说:"100元。"老板娘说:"小姑娘别开玩笑了,你这一下子给我砍去了那么多,我肯定不能卖。"小昭说:"我砍得一点都不多,您可别蒙我,我可特懂这些,就这条裙子的料子,根本不值这些钱。再说了,又不是什么名牌货,值什么钱啊?我在别的地方可是见过的,您给出的这价也太高了。"老板娘听她说得头头是道,只得说:"这样吧,我也不向你多要,你给200元吧。"小昭说:"200元我是肯定不能拿的,我最多再给您20元,120元,行就行,不行我们就走。"最终,小昭以120元的价钱买下了这条裙子,这让她的舍友大跌眼镜,没想到一条350元的裙子居然能砍到120元。

通常情况下,卖方会利用买方对产品信息的缺乏而漫天要价,如果碰到不懂的人,就可以大赚一笔,如果碰到懂行的人,则以正常的价格卖出去。所以,很多时候,我们不能仅仅听信卖方的一面之词,在买东西之前,应该尽可能多地去了解该产品的相关信息,只有这样,我们才不会被一些无良的商人所欺骗。

买方与卖方之间的博弈就是利益的争夺,这符合做生意的原则,可是我们不能做冤大头,必须要争取拥有和卖方相当的信息量,这样,对方就不能用欺骗的手段来从我们身上获取不当利益。现代社会,是一个信息发达的社会,想要获得产品的信息简直是易如反掌。我们可以通过货比三家的传统方式获得相应的信息,也可以动动鼠标,在网上搜寻相关的信息。无论怎样,只要我们真正掌握了信息,就拥有了与卖方博弈的筹码,就能用最低的价格买来我们想要的产品。

会员卡，是蜜糖还是毒药

　　长期稳定的顾客群是卖家销售业绩的保证，只要有了一批稳固的顾客，即使在销售淡季也不会造成商品滞销。所以，卖方往往会通过发放会员卡的方式来绑住一批固定的顾客。会员卡之所以能够吸引很多人，是因为使用会员卡能拥有一定的优惠，对于买者来说，获得实惠是最重要的。所以，会员卡成了联系买卖双方的一个重要工具，它就像一条绳索，将卖家与顾客长期地绑在一起。

　　可是，对于买者来说，会员卡真的就是蜜糖吗？当然不是，从表面上看来，买者可以从会员卡中获得一定的优惠，但是优惠享受不是随意的，通常是附加一定的条件的，而这个条件往往会让买者付出更大的代价，比如说，一家超市发放会员卡，规定会员一年之内消费满 10000 元可以在年底的时候获得全场所有商品半价优惠。这样的优惠无疑对买者具有强大的吸引力，可是很多买者一年根本不需要购买这么多东西。但是为了享受这样的优惠，不少人会选择购买很多自己不需要的东西。等到真的享受优惠的时候，却发现自己没有什么东西可买。超市反而通过这种办法获得了超额的利润。

　　一家高档的理发店在繁华的闹市开业了，可是生意一直很冷清。这个地方人虽然很多，但是大家都不会选择这种高档的理发店来理发，而那些有钱人则大都是原来一些理发店的会员，也不会轻易到这家店来。店主为了改变这种状况，决定以半价的方式招揽顾客。

半价的消息传出去之后，果然有不少人光顾。店主趁这个大好时机，让店员向顾客推荐会员卡。只要持有会员卡，剪发都可以半价，其他服务也可以享受八折优惠。会员卡的级别越高，享受的优惠就越大。同时，持有高级会员卡的顾客，可以从店里面选择固定的发型师为其服务，而且不用排队。

在店员的极力推荐和优惠的吸引之下，不少顾客都办理了会员卡。这家理发店因此有了固定的顾客群，通过这些人的宣传，该理发店的名气越来越大，生意也就越来越红火。

会员卡是商家在与消费者进行博弈时取胜的重要工具，它的作用就在于能够改变消费者的消费习惯，让消费者长期购买商家的产品，这样商家就可以获得长期的利益。所以，消费者在办理会员卡的时候一定要审慎选择，根据自己的需求来判定自己到底需不需要办理。

消费本是一个主观性的行为，但是商家为了能够取得博弈的胜利，必然会采取一定的措施激发消费者的消费热情和欲望。会员卡正是一个重要的方法。会员卡抓住的正是消费者占小便宜的心理，通过制定会员卡的使用规则来引诱消费者不断地消费。其实，会员卡能够给消费者的优惠是非常有限的，而消费者为之付出的代价则是巨大的。会员卡让商家在博弈中实现了以小博大。

某城市新开了一家大型的超市，由于市里已经有好几家大型超市，所以超市在开业之初就决定要进行价格上的竞争。该超市在开业的前一周以全场 8.5 折的优惠，吸引了大量市民前去采购，整个超市人潮涌动。

当然，打折不能一直这样进行下去，那该怎样稳住这些消费者呢？超市打起了会员卡的主意。该超市在门口设置几十个摊位办理会员卡，会员卡持有者可以享受部分规定商品 9.85 折的优惠。虽然优惠的幅度很小，但是也吸引了不少人前来办理。不仅如此，超市还规定，只要会员卡的消费额度达到 5000 元，就可享受部分指定商品 9.7 折的优惠；达到 10000 元以上，可享受 9.5 折优惠。

许多办理会员卡的顾客为了能够早日达到规定的额度，无论什么时候，都选择到这一家超市购物。就这样，这家新开的超市一跃超过了那几家老牌的超市，成为当地销售额最高的超市。

商家无论在什么样的情况下，都会保证自己有利可图，所以，虽然给予了你优惠，他们依然能够获利。但是你持有会员卡之后，消费的频率和额度就会随之增长，你从优惠中所获得的利益早就在消费中还给了商家，而且还多支付了一部分。这正是商家会员卡赢利的方式。所以，会员卡对于商家来说是蜜糖，对于消费者来说则未必。当然，如果我们能抵制优惠的诱惑，合理地使用会员卡，就不会因小失大，也能够通过会员卡得到真正的实惠。

当心"看上去很美，但并不实用"的圈套

每到节假日的时候，商场为了提高销售额，都会开展各种诱人的促销活动，"买一赠一""满 200 返 100""全场 5 折起"等形式多样的优惠活动通常都能收到奇效。一旦开展这样的活动，商场里一定是人满为患。其实这类促销活动对于顾客来说，并非那么好，这只不过是商家博弈的一种手段罢了，有些时候，这样的实惠是"看

上去很美，但并不实用"。

王女士去一家新开的商场购物，这家商场的广告宣传单上印有消费送礼券的广告，王女士正是冲着这个来的。果然，王女士购物之后，收到了500元的礼券。由于当天的人多，她并没有去用礼券再去购物，而是打算过几天再来。

过了两天之后，王女士再次来到这家商场，打算用礼券购买一些东西，可是她转来转去，一样东西也没有买到。原因就出在那张礼券的使用规则上。当王女士看上一款70元的帽子的时候，营业员告诉他，一张礼券只能买一样商品，可是一张礼券最少是100元的，王女士就没有买。当她又看中了一款打折的鞋子的时候，营业员告诉她，打折的商品不能使用礼券购买，王女士只得作罢。当她又一次看中一个包的时候，营业员告诉她，那款包不属于礼券消费的商品。

王女士实在忍不住了，就去找商场的经理去理论，可是商场的经理给出的答复更是让她生气。商场经理这样说："本次活动的解释权归本商场所有，礼券的使用规则是我们事先制定的，您必须按照我们的规定使用，否则我们也没有办法。"王女士虽然心头有气，可是也说不出个所以然来，只能忍气吞声。

商家的促销活动五花八门，看起来都是一个又一个的惊喜，可事实上，商家永远都不会做赔本的买卖，只要你被这种促销活动所吸引，那么你就必定会成为商家赚钱的对象。有的时候，你确实能从这样的促销活动中获得一定的优惠，而有的时候，这些优惠根本就得不到手。在商家与顾客的博弈中，只要商家能够吸引顾客的眼球，那么商家就是胜利者。所以，商家经常会给顾客设下"看上去很美，但并不实用"的圈套，比如，有的商家在生意不好的时候，会打上"全场4折起"的广告，一些不明就里的顾客就会欣然前来购物，可是等到选购的时候才发现，几乎没有一件商品是4折出售的，一询问销售员，人家就会告诉你，广告上写得清清楚楚，是"4折起"，不是全场4折。

　　每一个顾客都有贪小便宜的心理，谁都想买到物美价廉的东西，这种心理正好给了商家可乘之机。可是当你真的参加商家的让利优惠活动的时候才会发现，你很难能够真的享受到利益。

　　老陈去一家商场购物的时候，导购小姐一边帮老陈选购商品，一边向他介绍商场的各种会员卡。导购小姐说，商场正在搞活动，顾客可以办理金卡、白金卡和钻石卡，办卡以后，不仅埋单不再需要排队，而且每次购物可以有两小时免费停车，更为重要的是，还可以享受几十个品牌的折扣优惠。

　　老陈心想，反正是要买东西，办张卡也不吃亏，还能享受那么多的优惠，可以办一张卡。可是导购又说了："办卡是免费的，但是需要先拿点钱存到卡里，才能激活这张卡，而且根据预付费用的额度决定你是金卡会员、白金卡会员还是钻石卡会员。"老陈一听要预存钱就不想办了。导购小姐继续说："您虽然存了钱到卡里，可是这钱仍然是您自己的，您在买东西时，就从卡里扣了，还能享受打折的优惠，您也不吃亏啊。"老陈想了想，就办了一张卡。

　　可是，几个月之后，老陈就后悔了。这张卡对应的打折的商品都是一些旧款的衣服，而且尺码也不对，根本没有任何用处。可是钱已经存在里面了，不用也不行，只能在这家商场里购物，这限制了他的购物选择。

作为顾客，一定要记住：商家从来都不会做亏本的买卖，那些所谓的让利优惠活动，有的时候虽然真的能够给自己带来实惠，但是并非适合自己。如果不想被商家的那些"看上去很美，但并不实用"的优惠活动所蒙骗，在购物的时候，一定要谨慎小心。

你越是不卖，对方越是要买

对于卖者来说，博弈的目的就是让买者购买自己的商品，可是很多时候，卖者越是极力向买者推销自己的东西，买者越是会极力拒绝。这就是逆反心理。逆反心理源于买者的自我防范意识，因为卖者的极力推销在买者看来是不可靠的，是有意的欺骗。很多时候，买者的这种逆反心理会给卖者的销售造成一定的困难，如果不善加处理，将会影响交易。

凡事都有两面性，逆反心理也是如此，它能够给销售带来困难，也同样能够促进销售，关键是要懂得如何利用。逆反心理造成的现象是"你越是要卖，对方越是不买"。相反，你越是不卖，对方越是要买。假设我们是商家，在销售的过程中，我们就可以利用"不卖"来刺激对方购买的欲望，让商品顺利销售出去。得不到的永远是最好的，吃不到嘴里的永远是最香的。当我们百般推销而得不到客户认可的时候，不妨换个角度来试试，也许会带来意想不到的结果。

一个房地产推销员正在推销手里的两套房子，为了把第一套房子卖出去，他对客户说："您看这两套房子怎么样啊？第一套有人已经预定了，他让我帮他留着，您还是看看第二套房子吧。"顾客一听心想："听你这意思，第一套房子指定是比第二套房子好啊！我干吗要买一套不好的房子呢？"于是顾客对这位推销员说："我还是再看看吧。"推销员说："那行，您要是决定买的话就打电话告诉我一声。"

过了一会儿，客户突然接到销售员的电话。在电话里，销售员对客户说："您还想买房子吗？现在两套房子都没有人要了。原来那个客户出了一点小麻烦，资金一时周转不过来，所以就不买了，您要是想买的话，就到我们这边来一下好吗？"客户一听这话，乐了，心想，自己的运气还真不坏，可以把第一套房子买了。这单生意就这么被那位销售员做成了。

任何一个客户对于销售人员总是怀有三分戒心，这是很正常的，毕竟购买是需要付出本钱的，谁也不愿意花冤枉钱。这种发自本能的不信任不是凭三言两语就可以消除的。如果你所面对的客户有这种极强的逆反心理，你千万不要与他们对抗，更不要穷追猛打，否则只会把状况搞得更糟。当客户一再表示对你的产品有所怀疑的时候，你可以主动放弃推销，这个时候客户反而会对你的产品产生兴趣。其实利用客户的逆反心理进行销售就是一种以退为进的策略。

向那种逆反心理很强的客户推销产品本来就是很难的，即使我们说得再好，也未必能打动对方的心，甚至会招来对方的不屑与侮辱。所以，对付这样的人，以退为进是最好的方法。其实，在我们推销的时候，客户几乎是处于不理智的状态中，一旦我们放弃推销，他就能从情绪中走出来，恢复理智。这个时候，如果他真的有需要，就会主动向我们购物。

格林先生的车已经开了很多年了，经常出现故障。为此，他决定换一辆新车。谁知这个消息传了出去，很多汽车销售公司都派销售人员向他推销汽车。

络绎不绝的销售人员完全打乱了他的生活，为此他非常苦恼。后来他不愿意再见任何销售人员。无论那些销售人员把自己的车说得多好，他都无动于衷，以至于后来产生了不再更换汽车的念头。这使得很多汽车销售员无计可施。

这一天，又有一名汽车销售人员来到了格林先生的家里。格林先生心想："哼，又来了一个'不知死活'的人。"他打定了主意，无论对方说什么，自己就是不搭理。这位销售人员跟着格林先生来到他的车库后突然说："我看您的这部老车还不错，起码还能再用上一年半载的，现在就换未免有点可惜，我看还是过一阵子再说吧！"说完，递给了格林先生一张名片，然后就离开了。格林先生怔怔地看着这个销售员离开。

这一来，格林先生恢复了理智，对销售员的逆反心理也消失了。这个时候，他重新意识到这辆旧车带给了自己多少麻烦，不换是不行的。于是他主动打电话给那个销售员，向他订购了一辆汽车。

我们总是想尽量地销售出去自己的产品，但是如果我们不顾及顾客的心理感受，推销必然不能成功。逆反心理会让客户对一切推销活动表示拒绝，所以，我们要设法化解对方的逆反心理。化解的最好办法，就是不再推销，推销这个诱因消除之后，逆反心理自然也就会消失。当客户的逆反心理消除之后，我们要想办法激起他们的购买欲望。到那个时候根本就不需要我们前去推销，就可以把产品顺利地卖出去。所以，拒绝客户，也是推销的一种好办法。

销售人员要能看透人心

大多数的人在购买东西的时候，总是喜欢对商品挑三拣四，故意挑刺，因为通过这种方法，可以将价格压下去。然而，销售人员却更精明，他们知道顾客这样做的目的，所以顾客再挑剔，他们都不会嫌烦，反而会耐心地解答。

"嫌货才是买货人"，那些对我们的产品挑三拣四的人才是真正有购买欲望的人。他们之所以会这样，大多数的情况下是希望通过这种方式压低价格。推销人员面对这样的顾客一定不能轻易否定他们的购买欲。

当顾客对我们的产品大肆批评，或者是拿它和其他产品做比较，以此说明我们的产品质量不好的时候，我们一定要沉住气。经常会有一些推销员面对这些挑剔的顾客时，克制不住自己的情绪，和顾客大声争吵，这样做的结果往往是将顾客赶到你的对手那里。

顾客之所以能对我们的产品提出那么多的意见，能在我们的产品本身找到那么多的毛病，往往是因为他们对我们的产品感兴趣，所以才会仔细观察，认真思考我们的产品。这样的顾客是我们最大的潜在顾客。聪明的销售人员面对这样的顾客，会笑脸相迎，最终促使顾客购买产品。

有父子二人去街上卖鸡。一位顾客走上前来问道："一斤多少钱？"这个时候父亲正在忙着招呼其他顾客，儿子对顾客说："十元钱一斤。"顾客蹲下来仔细地看了看鸡，然后又摸了摸说道："这鸡太瘦了，不能这么贵。"说完看了一眼父子二人。儿子一听这话，不耐烦地扭过去了头，顾客一看这种情况扭头就走。正好这时父亲已经忙完，赶紧追上前去对顾客说："您请留步，这鸡虽然不肥，但这是我们自己养的，不是吃饲料长大的，很有营养。"那顾客又看了一眼鸡说："你说的是不假，但是这鸡实在是小了一点。"那父亲连忙又说："俗语说得好，'斤鸡两鳖'，吃鳖要吃一斤以内的，吃鸡则要吃一斤出头的，肉质最为鲜嫩呀。这样吧，我看你有诚意要买，就一斤便宜一元钱卖你啦！"顾客笑了笑，挑选了一只鸡走了。

儿子不解地说道："他这样挑三拣四的，明明是不想买，您怎么把他的生意做成了？"父亲对儿子说："他之所以嫌这嫌那，就是因为他想买，他要是不想买，干吗要嫌货呢？他若是不嫌货，我们又怎么会给他降价呢？"

销售其实也是一个斗心眼的过程，在那一买一卖的过程中，也包含了买卖双方各自的智慧。买的人想以低廉的价格买，卖的人既想做成生意，又想卖出个好价钱。于是买卖一开锣，两方的话往往都不是真实的。买的人想买而不能表露出想买，否则价钱就不好往下降，于是他们就对卖者的产品进行挑剔，找出的毛病越多，越是能够增加要求降价的本钱。而卖者则会将这些毛病一一驳回。直到买者和卖者都没有话说了，两边各让一步，生意也就谈成了。

销售人员必须掌握顾客的心理，若是弄不明白顾客的心理，就会白白流失顾客。那些对我们的产品不置一词，对我们的建议充耳不闻的人，一般来说是不可能成为我们的客户的。他们之所以会这样，不要错以为他们是对我们的产品很满意，他们只是对我们的产品没有兴趣。我们也没有必要在这样的人身上浪费时间，毕竟大家的时间都是有限的，我们若是一直缠着他们不放，还会受到他们的轻视。

那么面对顾客的挑剔，我们应该怎样应对呢？首先，我们要保持一贯的作风，也就是说要沉着镇静，针对顾客提出的问题，就地化解，最好能把顾客所说的毛病变成优点；其次，我们也不能完全否定顾客的意见，否则生意很难谈拢。适当地恭维一下顾客，最后做出小小的让步也就成了。

销售本就是一个互动的过程，顾客不可能对我们的产品无动于衷。比如说，我们向一位顾客销售一双鞋，他如果想买，必然会对鞋子进行各种各样的评价，对我们的评述也会注意倾听。倘若他根本就没有购买力，或者是不想买，他自然是躲得远远的。聪明的销售员可以看透顾客的心理，从而把握住自己的潜在客户，这样的销售员才能成为成功的销售员。

适时说出产品的缺点

任何产品都不可能是完美的，可是在推销中，一些销售人员为了促使客户购买自己的产品，往往会规避产品的缺点，只讲产品的优点。这样的推销往往是不能成功的。站在客户的角度来想，客户自然是希望能全面了解产品的性能状况，其中也包括产品的缺点。如果你担心顾客会嫌产品有缺点而不将自己的产品的缺点说出来，反而会让客户不放心。

在与客户的博弈中，能真正了解客户的需求，想客户所想，才能打动客户，在博弈中取得胜利。所以，作为销售人员，最重要的就是要全心全意为客户服务，只有这样，才能与客户建立相互信任的关系，才能取得销售的成功。适当地说出产品的缺点，正是诚实的表现，客户往往会因为你的诚实而对你大加赞赏，对你所销售的产品放心，因而心甘情愿地购买。

陈鹏是一个不动产推销员，在他的手里有一块区位优势明显的地块。它在城市的边缘，但是就在车站旁边，交通非常方便，周围的配套设施也一应俱全。美中不足的就是在它的旁边有一个钢材加工厂，住在这里，每天都要忍受机器的轰鸣声。对于一般人来说，这可算得上是房子的一个很大的缺点。

后来陈鹏还是找到了一个合适的买主。那人本来就住在工业园区的附近，早已习惯了在噪声中生活。况且这块地的其他条件，诸如价格、位置等都符合他的要求。于是他决定带这位买主前来看看，当然，他没打算隐瞒有噪声的缺点。如果买主想要一个安静的环境，那么销售就作罢。

陈鹏带着买主四处转了一圈之后说："这块地的价格比周围其他的地块便宜很多，原因就在于它的旁边有这个大型的钢材加工厂，它每天都会制造很大的噪声。如果您不介意这一点的话，其他方面的条件都符合您的条件。"

客人笑着说："其实这点噪声对我来说根本不算什么，原来我住的地方，一天24个小时噪声不断，现在这家钢材加工厂每天下午5点钟之后就停下来了，我依然可以享受宁静的夜晚。不过，你能主动提出这个缺点却让我很惊讶，我曾经见过的所有的推销员，几乎没有一个愿意向我提及缺点的，他们不说缺点，我反而不放心。您现在把缺点告诉我，我就没什么好担心的了。"

不用说，这笔交易就这样成功了。

　　了解产品的缺点对于客户来说未必是一件坏事，只有了解了产品的缺点，客户在使用的过程中，才能加以注意，才能更好地利用产品。如果你不告诉客户，客户反而不敢使用你的产品。再者说，你把自己的产品夸得十分完美，明显就是在欺骗客户，客户又怎么能接受呢？

　　其实，每一个客户都知道，任何产品都是有缺点的，他们也不会要求你的产品是十全十美的，只不过，他们会对产品某些方面的性能有一定的要求，只要你的产品在这一方面没有问题，那么产品其他方面的缺点就不会影响客户对你的产品的购买欲望。所以，作为销售人员，不应该隐瞒产品的缺点，而应实事求是地向客户介绍产品。尤其是面对那些较为专业的客户，如果你在产品介绍上"做文章"，客户对你的信任度将会大大降低。比如，面对汽车爱好者，汽车销售人员如果自吹自擂，肯定无法得到客户的肯定。

　　规避产品的缺点不是获得客户认可的好办法，真正能够让客户心动的是让产品的优点符合客户的需求。总而言之，在销售的过程中，我们应该充分了解客户的愿望，并根据产品本身的性能，清楚地向客户说明产品的优点和存在的缺陷。只有这样，才能既符合了客户的需求，又能获得客户的信任，最终达到销售的目的。

第七章 ▷

交际应酬博弈: 教你瞬间
掌控主动权

很多人常常在人际交往中陷入被动的境地，导致人缘很差。其实交际就是人与人之间的博弈，只要双方在某种程度上达成了共识，或者是相互之间产生了好感，交际博弈就成功了。

热情地打招呼可拉近彼此的距离

　　熟人见面打招呼是正常人际交往的需要，但是并非每个人的打招呼都能拉近彼此之间的距离，加深彼此之间的感情。打招呼只是一种形式，能不能拉近彼此之间的距离，关键是要看你打招呼时的态度。如果你热情地向别人打招呼，就能得到对方热情的回应，这样的打招呼必然能增进感情。相反，如果你只是为了例行公事，"满脸寒霜"地向对方打招呼，就只能得到对方敷衍的回应，这样打招呼不仅不能增进感情，还会让彼此之间更加疏远。

　　因此，想要拉近与他人之间的距离，只有用真心去换取，而热情正是发自于内心的情感，这种情感是可以传染的，当你对他人热情的时候，他人也会对你热情。每一次热情的打招呼就是一次感情的交流，只要你始终保持这样，你就将拥有良好的人际关系。

　　一名传教士在乡间传教，这个地方对于他来说，是一个陌生的地方。开始的时候，所有的居民都不欢迎他，但是很快他们就接受了他，因为传教士始终保持着一个习惯，那就是向每一个他遇到的人热情地打招呼。

　　在这个乡村里，有一个叫泰勒的农夫，也是他每天打招呼的对象。这个人和其他的人都不一样。无论传教士怎样向他打招呼，他都不做任何回应。尤其是刚开始的时候，他根本不予理睬，甚至会因为传教士的招呼而背过身去。不过这没有打消传教士感化他的决心，在乡村的每一天，传教士都保持着向泰勒热情地打招呼的习惯。

终于有一天，当传教士以温暖的笑容和热情的声音向泰勒打招呼的时候，泰勒挥挥手向他致意，并第一次露出了笑容。

从那以后，每次传教士向泰勒打招呼的时候，泰勒都会热情地回应他。这样的习惯一直保持了多年。直到有一天，纳粹党上台，许多人成为被屠戮的对象，传教士也没能幸免。他被抓了起来，送往集中营。

传教士被送往一个又一个集中营，直到来到了奥斯维辛集中营。这个时候，传教士面临着生与死的考验。他从车上被赶了下来，然后与其他人一起排成一个长长的队伍，等待这里的军官发落。在不远处，军官拿着指挥棒正在指挥着人群往左，或者往右走。传教士知道左边就是死路一条，右边还有生还的机会。

马上就要到自己了，传教士的心都提到嗓子眼了。终于，他的名字被叫到了，当他抬起头看那个军官的时候，他呆住了，紧接着，又有了一丝惊喜。只见他不紧不慢地说："早安，泰勒先生。"泰勒的眼睛还是那么冷酷无情，但当他听到这句话的时候，脸上的肌肉明显抽动了几下，短暂的犹豫之后，泰勒终于像以往一样，给予了回应。紧接着，他举起了指挥棒，说："右。"

热情是人际交往的润滑剂，任何冷漠的人都无法抗拒热情的力量，只要你具备热情，那么你就能打动他人。打招呼不是例行公事，而是增进彼此感情的重要方法，所以，我们不能带着敷衍的想法与他人打招呼。

很多时候，我们并不怎么看重打招呼，甚至会觉得打招呼是一种无聊的举动，因为那些程式化的打招呼语言在我们看来是毫无意义的。然而事实上，人际关系的拉近往往就是在细枝末节上，打招呼虽然不是一件什么大事，却可以影响我们与他人的关系。打招呼不在于说的是什么，而在于我们抱着什么样的态度去跟别人打招呼。如果你不能带着热情去打招呼，在对方看来，你根本不重视与他的关系，久而久之，他必然要与你疏远。所以，用你的热情去与周围的人打招呼吧，当你这样做的时候，你就会发现，你的身边有很多朋友。

想赢得好感，就把"我"换成"我们"

在人际交往中，我们会发现，那些具有丰富的社交经验的人，往往很少用"我"作为主语与别人进行交流，而是经常会说"我们怎么样"。"我"和"我们"虽然只有一字之差，但是在人际交往中所起到的作用却有天壤之别。也许在有些人看来，总是说"我们"有拉关系的嫌疑，但是，不可否认的是，这样的说话方式在人际交往中是非常有效的。

从心理学的角度来讲，一个人对自己的关心是远远超过对他人的关心的，所以，在很多情况下，我们总是喜欢说"我"，但是对别人说"我"则非常反感。一个经常在别人面前说"我"的人会给人留下自我意识强烈的印象，这会让别人疏远自己。相反，多用"我们"则能够表现出自己对对方的关注，能够站在双方共有的立场上看问题，把焦点放在对方身上，而不是时时以自我为中心。

有人曾说过："一个满嘴'我'的人，一个独占'我'字，随时随地说'我'的人，是一个不受欢迎的人。"在人际交往中，"我"字讲得太多并过分强调，会给人留下突出自我、标榜自我的印象，这会在对方与你之间筑起一道防线，形成障碍，影响别人对你的认同。

某工厂的厂长是个习惯用"我"说话的人，这让他无法得到工厂里其他工人和领导的认同。有一次，上级领导前来视察，在座谈会上，厂长代表工厂全体职工做汇报。整个报告激情洋溢，鼓舞人心，可是报告中的每一句话几乎都是以"我"开头的："我厂去年的产值达到了 2 亿元，今年力争突破 2.5 亿元。当然，要做到这一点，还需要解决很多困难，我一定会努力……"这样的报告让在场的职工非常不舒服，好像工厂的业绩都是他一个人的，和其他人一点关系都没有。

座谈会结束之后，上级领导与公司的员工就报告的内容进行交流，可是底下没有一个人应声。等了好大一会儿，一个人站起来说："我们没什么好说的，都是领导说了算，他怎么说，我们怎么干。"这一句话弄得在场所有的人都很尴尬，尤其是那个厂长，脸都红了。

当你总是以"我"作为开头说话的时候，就等于是把对方排除在外了，这就是不把对方放在眼里，这样谁会愿意与你交往呢？一个人和另一个人结交，希望另一个人能够关注自己，这是正常的人际交往的需求，如果你在说话的时候不注意这一点，你的人际关系将会变得很糟糕。

有一篇名为《良好人际关系的一剂药方》的文章，文章中这样写道：语言中最重要的 5 个字是"我以你为荣！"语言中最重要的 4 个字是"您怎么看？"语言中最重要的 3 个字是"麻烦您！"语言中最重要的 2 个字是"谢谢！"语言中最重要的 1 个字是"你！"语言中最次要的 1 个字是"我"。因此，会说话的人，总会避开"我"字，而用"我们"开头。

每个人在关注自己的同时，也希望身边的人关注自己，所以，如果你想要赢得对方的好感，就要多说"我们"，不要像上面的厂长一样。如果他把"我"换成"我们"，工人们一定会很高兴，因为这说明厂长一直在关注他们，把他们当成了自己人。

总而言之，你在与对方说话的时候，尽量少用"我"，而应该多用"我们"。因为这样能够拉近彼此之间的距离，让对方认为你是一个心中有他人的人。懂得用"我们"的人一定能赢得他人的好感，获得友谊。

让对方看到你的缺点

每个人对于陌生人都会有一种戒备心理，想要与他人建立良好的关系，就必须让对方消除这种心理。对方之所以会对你产生戒备心理，是因为不了解你，尤其是不了解你的缺点。因此，有意暴露自己某一方面的缺点，是精明的处世之道。

一个没有缺点的人是可怕的，对于他人来说，也是难以接近的。如果你在各方面都表现得堪称完美，就会在无形中给别人造成一种压力。相反，如果你适当地表现自己的不足，别人就会觉得你是一个可接近的人。比如，在职场中，你处处表现得非常优秀，只能得到别人的尊重，却得不到别人的友谊。如果你适当地表现自己经验不足、能力有限或者是偶尔说说自己的失败经历，同事们则会乐于与你结交。

在一家公司里，有两个能力相当的人，一个叫肖兰，一个叫王冰，她们两个人年龄相当，可是她们在公司的受欢迎程度却完全不同。

王冰非常注重自己的职场形象,在公众场合绝对不哭,即便是在工作上受到上司批评,也摆出一副坚强的姿态,是典型的"战士型",这样的女人通常是天生的铁娘子、铁蝴蝶。王冰一直很满意自己能够像男人那样去战斗,上司敬重她,下属害怕她。不过她也常常因为自己不服输的个性,遇到事情不肯向别人低头求助而身心疲惫。

肖兰则不一样,虽然她的能力和王冰不相上下,但她从不表现出自己很"强"的样子,做什么决定总是和大家一起商量,有时为了鼓励失败的下属,还会将自己以前的失败经历告诉他们,让他们不要泄气。有困难的时候,她会委婉地向对方说,总会有很多人在她身边帮助她。

所谓"高处不胜寒",一个人表现得太过完美,让自己像神仙一样超凡入圣,则只能令别人敬仰,无法融进集体中;而稍稍暴露一下自己的缺点,则立刻让自己变成普通人,与他人打成一片。

交际中最重要的一个原则就是平等,只有两个人处在平等的位置上,才能畅快地交流,产生友谊。如果其中的一方高高在上,另一方需要长久地仰视,这样的友谊就不会长久。这在职场中表现得尤为明显,上下级之间在工作中只能维持上下级的关系,如果两者产生友谊,必定是在工作之余,上级脱去了厚厚的职位伪装,以一个普通人的身份和下级结交。因此,无论在什么时候,我们都不应该让自己表现得太过完美,让自己的优势展露无遗,那样只会让他人远离自己。

我们每个人都希望自己成为人群中最耀眼的一颗明星,因此极力想让自己表现得优秀,并掩盖自己的缺点。结果,我们表现得越优秀，别人越会反感我们。很多时候，"王婆卖瓜，自卖自夸"式的自我炫耀是惹人厌烦的，而向别人展示自己的弱点能给人一种坦诚的好印象，能够消除别人对你的戒备心理，赢得信任，甚至还会让人主动地去帮助你。

在人际交往上，偶尔的示弱不会被对方当成是无能的表现，反而能够让自己在人际交往中如鱼得水。

通过虚心向对方请教，化被动为主动

好为人师几乎是每一个人都存在的一种心理，当有人向自己请教的时候，那种心理上的满足是难以名状的。有人向自己请教，表明自己在某一方面是优秀的、突出的，这样的成就感是所有的人都乐于享受的。所以，虚心向对方请教就可以作为人际交往中的一个重要方法。当你向对方请教的时候，就等于是把对方置于一个较高的位置上，他不仅会非常乐于解答你的问题，还会愿意与你结交，因为他希望能够从你那里得到更多的心理上的满足。

很多时候，我们在人际博弈中，总是处在被动的地位，因为我们不懂得如何与一个陌生的人结交，所以只能坐等对方来结识自己。这往往会让我们无法融入集体或周遭的环境中，这对于我们来说是非常不利的。所以，如果你不是一个善于交际的人，那么不妨尝试用向别人虚心请教的方法，建立自己的人际关系。

张梦云大学刚刚毕业，进入一家公司从事行政工作。刚刚步入职场的她是忐忑不安的，所以，张梦云把自己完全封闭起来，从来不和任何人说话，即使对一个办公室里的同事也是如此。

张梦云不主动和别人说话，那些老员工自然也不会主动和她说什么。可是刚刚步入职场的她在工作方面还有很大的欠缺。因此，张梦云经常被部门的主管批评。张梦云知道，如果再这样下去，她根本无法通过试用期。所以，她下定决心向公司的老员工请教工作方面的问题。

虽说下定了决心，可是张梦云还是有些惴惴不安，她很担心同事会非常不给面子地拒绝回答她的问题。可是令她没想到的是，当她小心翼翼地把自己的问题说出来的时候，那位同事首先给了她一个笑容，然后详细地回答了她的问题。直到这个时候，张梦云才知道，原来与同事结交并不难，职场也没有自己想象得那么复杂。从那以后，张梦云一改往日的作风，总是向同事请教问题，很快，她就和同事们打成一片。她的工作在同事们的帮助和指点之下，也有了很大的进步。

当我们走进一个陌生的环境，面对陌生的人的时候，总是不知道该如何与身边的人建立关系，毕竟周围的人都是自己不认识的。这种交际障碍往往会让我们的人际博弈走入困局。要突破这种困局，我们就必须为自己找一个合适的理由去主动结交他人，只有这样，我们才能够化被动为主动，打开人际交往的新局面。虚心向别人请教是一个非常有用的办法。因为建立人际关系的第一步就是要给别人留下一个好印象，让别人心里高兴，而虚心请教正好能够符合这方面的需求，只要我们愿意低下头向别人请教，我们就会获得他人的友谊。

向别人请教是最能满足别人心理上的需求的方法。有的时候，赞美的语言会让人认为是溜须拍马，但是虚心的求教则不会。所以，当别人一再拒绝我们的时候，我们不妨用虚心求教的方式来打开对方的心扉。

有一个商人想买一辆汽车，于是找到了汽车商，这位汽车商积极地为他寻找合适的车辆。可是这个商人看了一辆又一辆汽车，没有一辆能让他满意的。他不是嫌价格太高，就是嫌车子的性能不好，这笔生意始终没有做成。

汽车商实在是无法满足这位挑剔的顾客的要求，于是决定放弃向他推销，任其购买。几天以后，他的一位顾客找到了他，希望能用自己的旧车换一部新车。当汽车商看到那部旧车的时候，就觉得这部旧车一定会符合那位商人的要求，于是他打电话请那位商人过来，说是请他帮个忙，提供一点意见。

那位商人来了之后，汽车商说："您是一个懂行的人，我今天请您来就是想让您帮我看一看这部车子到底值多少钱，性能如何。"那位商人的脸上出现了笑容。那位商人把车子开了出去，不大一会儿就回来了，然后对汽车商说："如果你能以三千元买下这部车子，那你就买对了。"汽车商这时反问道："如果我能以这个价钱将其买下，你是否愿意买它呢？"

那位商人哑口无言，三千元的价格是他自己定的，他还有什么话好说呢？再说他本身对车子的性能也比较满意，一笔生意就这样做成了。

不要认为向别人求教是丢面子的事情，在人际博弈中，低下头是必要的方法。再者说，每个人身上都是有优点的，那就是值得我们学习的地方，向别人请教又有什么不可呢？比如你是一个优秀的管理人才，但是对于电脑技术方面的问题，你也不得不向他人请教。所以，向别人请教，既能让自己得到提升，又能赢得他人的好感，何乐而不为呢？

满足对方的优越感

卡内基曾经说过这样一段话："在去钓鱼的时候，你会选择什么当鱼饵？即使你自己喜欢吃起司，但将起司放在渔竿前端也钓不起半条鱼。所以，即使你很不情愿，也不得不用鱼喜欢吃的东西来做鱼饵。"所以，在与人结交之前，只有先满足对方的优越感，才有可能被接纳。

很多时候，我们往往无法做到这一点，因为通常我们都愿意与优秀的人结交，所以，当我们想和一个人结交的时候，往往会将自己最优秀的一面表现出来。这样的做法并不能说是错了，但是展现自己的优秀是在结交的过程中进行的，而不应该出现在双方初识的时候，因为你的优秀会让对方黯然失色，这样对方就无法从与你的结交中获得满足，你的人际博弈也就必然会失败。

所以，在人际交往开始的时候，我们一定要找一些能够满足对方优越感的话题来说，这样才能够获得继续交往下去的机会。当对方的优越感得到满足的时候，他就会非常乐意与我们继续交往下去。最终，我们将取得人际博弈的胜利。

柯达公司的创始人伊士曼打算捐赠巨款，在曼彻斯特建造一座音乐厅、一座纪念馆和一座戏院。这是一个巨大的工程，单单是里面所需要的椅子，就是一笔不小的订单，于是许多制造商展开了激烈的竞争，谁都想将这笔订单拿到手，可是伊士曼却并没有轻易地许给任何人，许多制造商都碰了一鼻子灰。这个时候，一家公司的经理亚当森前去会见伊士曼。

亚当森来到伊士曼的办公室的时候，伊士曼正在埋头于一堆文件之中，所以亚当森没有上前打扰，而是静静地站在一旁，细细地打量这间办公室。过了一会儿，伊士曼抬起了头，发现亚当森站在面前，于是就问道："先生，您有什么事吗？"

亚当森没有回答他的这句话，而是说："伊士曼先生，我长期从事室内装修的工作，但是从来没有见过装修得这么精致的办公室。"伊士曼微微一笑说："这是我亲自设计的，当初装修完成的时候，我喜欢极了，可是我的工作太忙了，一直没来得及欣赏这个房间。"亚当森走到墙边，用手在木板上一擦，说："我想这是英国橡木，是不是？意大利的橡木的质地不是这样的。""是的"，伊士曼高兴地站起身来回答，"那是从英国进口的橡木，是我的一位专门研究室内橡木的朋友专程去英国为我订的货。"

亚当森和伊士曼在办公室里整整谈了一个中午，最后伊士曼兴奋地对亚当森说："上次我在日本买了几张椅子，放在我家的走廊里，由于天天日晒，都脱漆了。昨天我刚刚上街买了油漆，打算自己把它们漆好，您有兴趣看我的油漆表演吗？好了，你跟我一起回家吃午饭吧，顺便看看我的手艺。"

这场谈话持续了那么长的时间，可是亚当森连一句关于生意的事情也没有提。然而，最终亚当森不仅得到了这笔订单，而且与伊士曼结下了终生的友谊。

每个人都有自认为非常得意的事情，这些事情也是他们乐于听别人讨论的。如果你能事先知道你所要结交的人的经历，对于你与他的交谈将会产生很大的帮助。比如说，你要和一个成功的企业家结交，你可以先去了解他曾经取得过什么辉煌的成就；你要和一个艺术家结交，你可以先了解他曾经在艺术生涯中获得过什么样的奖励；等等。只要你能在与对方的谈话中，有意无意地提到这方面的内容，他一定会非常高兴。

与人结交，难就难在开始的阶段，只要能在第一次与对方见面的时候，就给对方留下一个很好的印象，接下来的结交也就是水到渠成的事情了，否则你将难以获得对方的接纳和喜欢。只有先满足对方的优越感，让对方不再对你充满戒备和敌意，才能与对方建立起良好的关系。

总而言之，人际博弈是个循序渐进的过程，如果我们不能凭借自己的魅力在第一时间得到对方的喜欢，就要通过满足对方优越感的方式，获得对方的接纳，然后再用自己的优秀获得对方的喜欢，这样才能让自己在人际博弈中获得胜利，取得想要的利益。

不当众指责他人的过错

所谓"人要脸，树要皮"。每个人都非常在意自己的面子，所以，在人际博弈中，给别人留面子就是给自己留面子，这也是人际博弈中取胜要注意的一点。在现实的生活中，有一些人经常会忽略这一点，公司的领导在下属犯错的时候，当着众人的面，大声地斥责；朋友犯了错误，自己就喋喋不休地数落。这样的做法是最伤感情的，当你不给对方留面子的时候，对方也就不会给你留面子。相反，如果你能在别人犯错的时候，给予宽容，那么你将得到对方的尊重。

有人曾说过："看别人不顺眼，首先是自己修养不够！"我们每个人都没有资格去随意地指责他人，尤其是当众指责，一味地指责他人，只会让自己众叛亲离。也许有的时候，你是对的，但是即使是这样，你也不应该当着众人的面将对方贬损得一文不值。

王鹏是一个眼里揉不得沙子，心里藏不住事情的人，因此他在办公室里成了一个专门纠错的人，这让整间办公室的人都非常郁闷。

有一天，有一个同事在打印一份报告，由于打印机出现了毛病，所以打出了很多不能用的文件。那个同事正着急上火，赶着去找人修理打印机，所以顺手就把打印坏的文件扔在了桌子上。等到那位同事回来的时候，王鹏跑过去说："你看看你，也不知道注意一点，这些纸放在桌子上都被吹到了地上。"那个同事说："哦，我刚才太着急了，没注意。"王鹏又说："下次注意一点。"然后就走了。

还有一回，王鹏从办公室的卫生间出来跑到一名男同事面前说："刚才你在卫生间抽烟了吧？弄得整个卫生间都是烟味，熏死人了。以后抽烟到外面去抽。"整间办公室的人都看着那个同事，那个同事的脸上白一阵儿、红一阵儿的。

有的人性格直爽，见到有人犯错，就会毫不犹豫地指出来，希望对方能够接受自己的批评，进而改正自己的错误。然而，这种一相情愿的想法未必能真正实现，虽然别人知道他是好意，但是这种激烈的方式往往会让别人下不了台，为了保住自己的面子，对方往往会选择反驳。批评别人的目的是为了让别人能够改正错误，并不是为了一时的口舌之快。所以停止当众指责别人的错误，选择婉转的方式来提建议，往往能收到很好的效果。

当众指责别人的错误往往会发生在领导和下属之间，领导由于在地位上具有优越性，所以在心理上也形成了优越感，为了能够体现出自己的优越性，往往会对员工指手画脚。尤其是在员工犯错的时候，一些领导更是会不遗余力地指责，甚至侮辱、谩骂。这样的领导往往为员工所不满，甚至怨恨。

员工虽然在级别上低于领导，但是在人格上是一样的，他们也需要被尊重。如果一个领导懂得在员工犯错的时候，保住员工的面子，那么他必然会受到员工的尊重。这样的领导也必然会是一个成功的领导。

有一天中午，查尔斯·斯科尔特在经过由他管理的美国钢铁公司的一家钢铁厂的时候，看见几位工人正在抽烟，而在他们的头上，正好有一块大牌子，上面写着"禁止吸烟"。

大概很多管理者遇到这样的情况，都会走上前去，指着那块大牌子说："难道你们不识字吗？"或者给予一顿严厉的批评和一定数额的罚款。

但是，斯科尔特是这样做的：他走向那些人，递给他们每个人一根雪茄，然后说："各位，如果你们可以到外面去抽这些雪茄，我将感激不尽。"工人们立刻意识到自己违反了一项规定，同时，他们也更加敬重斯科尔特了。

有的时候，面对他人的过错，我们是很生气，但是指责根本于事无补，我们唯一能做的就是让对方心服口服地意识到并改正自己的错误。这个时候，给予他宽容和原谅是最好的办法。当一个人犯错的时候，他需要的是理解和宽慰，而不是当众的指责，如果你想赢得良好的人际关系，那么就请在别人犯错的时候，给予他鼓励和支持。

培养自己的幽默感，恰到好处地运用它

幽默的人无论走到哪里都是受人欢迎的，因为与幽默的人结交，能够让自己时刻感受到快乐。有人说："可以说，诙谐幽默是人们在社交场上所穿的最漂亮的服饰。"在社交场合，如果你能在恰当的时候表现出自己的幽默，必然能够给别人留下深刻的印象，使人们对你产生好感。所以，我们应该培养自己的幽默感，然后将它运用到交际中去。

有人说："幽默是智慧过剩的表现。"当一个人拥有幽默的气质的时候，这个人必然是一个博学的人。当然，这里我们所说的幽默是高雅的幽默，而不是那种不入流的幽默。在人与人交往的过程中，幽默、诙谐的语言往往能够让沟通变得更加轻松，在愉快的氛围中，双方都能够敞开心扉进行交流，彼此之间的距离也会被拉近，友谊之花也就此盛开。

一天，威尼斯的执政官举办宴会，诗人但丁作为受邀之人也出席了宴会。宴会开始的时候，侍者给意大利各个城邦的使节每人献上了一条很大的煎鱼，但是给但丁的却是一条很小的鱼。

但丁看着小鱼，没有发怒，而是把它拿起靠近自己的耳朵，然后又放回盘子中。执政官看着但丁莫名其妙的动作，不解其意，于是就向他询问。

但丁说:"我有一个不幸的朋友在几年前于海上遇难,自那以后,我始终不知道他的遗体是否安然葬入海底。所以,我就问问这小鱼,也许它会知道一些情况。"

执政官逗趣似的问道:"那么,它又对你说了些什么呢?"

"它告诉我说,它还很幼小,对过去的事情不太了解,不过,也许邻桌的大鱼们知道一些具体的情况。它建议我向大鱼们打听打听。"但丁一本正经地说道。

执政官听了但丁的话,明白了他的意思,转身责备侍者怠慢了但丁,吩咐他马上给但丁换上一条大鱼。

幽默往往具有不可小觑的作用,它可以帮我们化解尴尬与误会,可以让我们从容面对任何场合。当你在社交场合陷入尴尬的时候,完全可以用幽默给自己铺设一个台阶,让所有人在会心一笑中忘记尴尬的局面,从而赢得众人的好感。相反,如果你不懂得幽默,将会被尴尬的局面困住,而他人也会因为你缺乏应变的能力而失去对你的喜爱。所以,懂得幽默是非常必要的。

人与人之间的关系是复杂的,即使是出现在同一社交场合中的人,也不可能全部都是朋友,所以在社交场合往往会出现敌对的现象。有的时候,我们会身陷其中,但是无论怎样,在社交场合出现敌对情况总是不好的,这个时候,如果我们能够充分运用自己的幽默,就能够很好地冲淡敌意,营造友好的气氛,而我们也将因此受到在场所有人的关注,并且得到他们的好感。

当威尔逊还是美国新泽西州的州长的时候,一次,他到纽约去参加一个宴会,当主持人介绍到他的时候,称他为"未来的美国总统"。这句话当然是对威尔逊的恭维，但是却让在座的其他人很没面子，他们都产生了相形见绌的感觉，心里很不是滋味。一时之间，场面极其尴尬。

一切都是因威尔逊而起的，所以他试图改变这样的局面，于是他起身致辞。几句开场白之后，他这样说道："我自己感到我在某方面很像一个故事里的人物。有一个人在加拿大喝酒喝过了头，结果在乘火车时，原该坐往北的火车，却乘了往南的火车。大伙发现这一情况，急忙给往南开的列车长打电报，请他把名叫约翰逊的人叫下来，送上往北的火车，因为他喝醉了。很快，他们接到列车长的回电：'请详示约翰逊的姓，车上有好几名醉汉，既不知道自己的名字，也不知道该到哪去'。"威尔逊顿了顿又说，"自然，我知道自己的名字，可是我却不能像主持人一样，知道我的目的地是哪里。"

威尔逊用幽默的语言表达了自己的谦逊，平复了众人不平衡的心理，使人人都感觉面子上有了光彩，于是宴会又重新有了欢声笑语。

想要在公共场合给人留下一个好印象，幽默是必不可少的调味剂。与人交谈的时候，运用幽默的语言会让人觉得心情舒畅。幽默的语言可以让从未谋面的陌生人一见如故，还可以让参加聚会的人如沐春风，愿意与你交谈。幽默是救场的良药，练就一身幽默的本领，无论走到哪，都能让人很快发现你的存在。

幽默也是一门艺术，要掌握好这门艺术必须多加修炼，人生处处需要幽默，但是你要保证在幽默的同时不失风度，如果太不着边际，甚至信口开河，只会适得其反，不但达不到想要的效果，还会让他人觉得你没有水准。所以，一定要牢牢掌握幽默的"度"。

第八章 ▷

**朋友之间的博弈：你对
我好，我对你更好**

在与朋友交往的过程中，要多想想"我能为朋友做点什么"，而不是一味地索取，只有这样才能使朋友之间的关系在良性循环中更加持久密切。

你想朋友怎么对你，你就怎么对朋友

当我们落魄的时候，没有一个人过来帮助我们，于是我们就会埋怨自己没有交到一个好朋友，感叹"人情薄如纸"。可是，你在抱怨的时候是否想过，你自己曾经为朋友做过什么？如果一直以来，你都没有为朋友做过什么，那么有今天这样的情况就是再正常不过的事情了。

如果你希望朋友对你好，首先你就必须对朋友好。你怎么对朋友，朋友将来就会怎么对你，这是不变的定律，也是交友时需遵守的原则。朋友之间的情谊并不仅仅体现在嘴上的功夫上，更是体现在具体的事情上，你只有对朋友好，能够在其需要帮助的时候尽力提供帮助，朋友才会在你需要帮助的时候，不遗余力地帮助你。

司徒笑和袁烈是发小，从小一起长大，后来两人分别去了不同的城市读书，联系也渐渐少了，除了每年过节的时候能回家聚上一聚，平时根本没有机会见面，但是两人的关系并没有因此而疏远。大学毕业以后，司徒笑在国企里上班，生活还算不错，而袁烈则自己出去打拼，可是一番折腾下来，不但一分钱没有赚到，还赔了不少钱，生活陷入了困境。

袁烈从小就是一个不服输的人，这一次虽然摔得很惨，但是他还是没有放弃独闯的梦想。可是，第一次的失败已经让他的本金付诸东流，根本没有再次投资的资本。想来想去，他只能求助于司徒笑了，虽然两人联系不是很频繁，但是凭着两人的交情，他一定会乐意都忙的。于是袁烈尝试着给司徒笑打了一个电话。司徒笑得知袁烈的状况之后，二话没说，就把自己所有的积蓄——十万元钱都借给了他。

有了十万元钱做本钱，袁烈再一次经营起了自己的生意，这一次袁烈有了经验，也变得谨慎了许多，生意也就慢慢有了起色。随着生意越做越好，袁烈也赚到了不少钱。他在第一时间把十万元钱还给了司徒笑。为了表示自己的感激之情，袁烈还特意多加了一万元钱的利息，但是司徒笑坚决没收。

正所谓"天有不测风云，人有旦夕祸福"。几年以后，司徒笑碰到了一连串的打击。随着国有企业改革的深入，司徒笑所在的企业由于效益不佳而倒闭，司徒笑因此失去了工作。紧接着，他的母亲病倒，大笔的医药费没有着落。正在他一筹莫展的时候，袁烈及时地向他伸出了援手。那个时候，袁烈的生意越做越大，已经是一个不大不小的老板了。他不仅帮司徒笑解决了母亲的医药费的问题，还帮他联系了一份不错的工作。就这样，在袁烈的帮助下，司徒笑的生活开始有了起色。

交朋友的目的不仅仅是为了从朋友那里获得好处，如果我们一心向朋友索取，那么我们必定难以得到真正的友谊。如果我们在朋友富贵的时候，就极力与朋友搞好关系，在朋友落魄的时候，就躲闪逃避，这样，我们所能结交到的朋友必然是一些只能共富贵、不能共患难的朋友。

只有用心去对待朋友，才能从朋友那里获得真挚的友谊，世上并非不存在不离不弃的患难之交，而是我们不懂得怎样建立这样的交情。"桃园三结义"中的刘备、关羽和张飞从结识开始可谓是一生相伴，任何艰难险阻、功名富贵也没能让三人分开。当刘备兵败，与关羽、张飞失散的时候，关羽面对曹操的诱惑不动摇，过五关斩六将也要回到刘备的身边。他们三人之间的关系之所以会如此稳固，就是因为三人在对待这份友情的时候，都是非常珍视的。

想让朋友对自己好没有错，但是我们要知道，这需要以我们对朋友好为基础。如果你认为"朋友就是用来利用的"，在与朋友交往的时候，挖空心思从朋友那里捞好处，而忽略给予朋友应有的关心和帮助，早晚有一天，你身边的朋友都会因为你的这种行为而远离你，你必然会成为众叛亲离之人。当你需要帮助的时候，再去埋怨就无济于事了。所以试着用微笑、用真诚换取友谊吧，那样你在温暖了他人的同时也会温暖自己！

想让朋友替你考虑，要先替他考虑

替对方考虑是维持朋友之间关系平衡的重要一点，可是有些时候，我们总是要求对方为自己考虑而忽略了为朋友考虑，一旦朋友在做事的时候没有为自己考虑，就大发雷霆，甚至与朋友翻脸。事实上，这样的做法是错误的。作为朋友，我们被动地等待别人为自己考虑的时候，就失去了让对方为我们考虑的资格，因为我们已经不愿意主动为对方考虑了，对方又有什么理由为我们考虑呢？

所以，朋友关系的维系要靠双方共同的努力，只有双方都积极主动地为对方考虑，才能真正维持关系的稳定。如果双方都担心主动为对方考虑之后，而对方不为自己考虑，谁都不肯先为对方考虑，朋友关系必然会破裂。

美国总统柯立芝有一次邀请自己的朋友汤姆·金斯夫妇共度周末。为了能够过一个愉快的周末，柯立芝安排了桥牌友谊赛。可是对于汤姆·金斯来说，桥牌游戏是陌生的，他从来没有玩过这种游戏，对于其中的规则更是一无所知。所以，汤姆·金斯显得有些窘迫，他担心别人会笑话自己。

柯立芝看到这种状况后，体贴地对汤姆·金斯说："为什么不试试呢？桥牌不需要什么高超的技巧，仅仅需要一些记忆与判断能力，而这些对于曾经对人类记忆的组织有过深入研究的你来说，一点儿也不难。"

汤姆·金斯被柯立芝拉到了桥牌桌前，高兴地玩了起来。他觉得柯立芝刚才的那番话给了他足够的勇气和信心，柯立芝作为他的朋友，了解他担心什么，也懂得为他考虑，这就是他勇气和信心的来源。很快，汤姆·金斯就进入了游戏，他发觉桥牌游戏的确不难。

柯立芝的做法无疑是很好的。如果他不为汤姆·金斯考虑，就不会说那些鼓励性的话。如果柯立芝用嘲讽的方式激得汤姆·金斯参加桥牌游戏，则很可能会伤害汤姆·金斯的自尊，或许他将会因此而失去这个朋友。

凡事只有站在对方的角度上，先为对方着想，才能采取恰当的方式，说出有利于对方的话。在与朋友相处的过程中，只有先为对方考虑，我们的言语和行动才不会对朋友造成伤害，这样才能维护我们与朋友的关系。

在与朋友相处的过程中，我们经常会因一些事情和朋友发生冲突，而发生冲突的根源就在于我们在做事情的时候，没有考虑到对方的感受，对方因为我们所做的事情受到伤害的时候，就会予以反击。比如，有的时候，我们在与朋友开玩笑的时候，会拿朋友身体上的缺陷开玩笑，这肯定会使朋友心里不痛快，朋友也许会因此口不择言，对我们进行人身攻击，这样一来，朋友关系必然会出现裂痕。

要想让朋友为你考虑，你就必须先为朋友考虑。在日常生活中我们要加以注意，无论是说话，还是做事，都要考虑朋友的感受。说好事的时候，把重心放在朋友身上，责备的时候，把矛头指向自己，做事的时候，让朋友出风头……只有做到了这些，你的朋友才能为你着想，你和朋友之间的关系才能够如鱼得水，坚如磐石。

真心才能换真心

从陌生人到真正的朋友是一个漫长的过程。在这个过程中，只有通过真心付出才能换来对方的真心，也只有双方都付出真心的时候，真正的友谊才能够建立起来。所以，在与人结交的过程中，我们首先要付出自己的真心，当我们的真心被对方所感知的时候，对方就会付出他的真心。

微软公司总裁比尔·盖茨和"股神"沃伦·巴菲特是商场上为数不多的莫逆之交，两人的关系一直都非常好，在生意上也互相帮助。

原来，比尔·盖茨和巴菲特互不相识，虽然两人都在经济领域有很大的名气，但是从来没有打过任何交道。通过不同的方式取得成功的他们，对于对方甚至有些微词。巴菲特认为比尔·盖茨只不过是运气好，靠时髦的东西赚了钱；而比尔·盖茨则认为巴菲特不懂得技术，固执又小气，靠投资发财。

直到 1991 年的春天，比尔·盖茨收到了巴菲特发出的一封请帖，巴菲特邀请他参加华尔街首席执行官聚会。比尔·盖茨对此根本不屑一顾，看完请帖之后，随手就扔到了一边。这被他的母亲看在了眼里，她对比尔·盖茨说："我倒是觉得你应该去听一听，巴菲特有今日的成就，必定有他的过人之处，他或许恰好可以弥补你身上的缺点。"比尔·盖茨觉得母亲的话很有道理，于是决定去见一见这位比自己大 25 岁的前辈。

两人在聚会上见面了，巴菲特用傲慢的语气对比尔·盖茨说："你就是那个传说中非常幸运的年轻人吧？"比尔·盖茨是带着一颗真心前来的，所以对于巴菲特的傲慢的态度，他并没有恼怒，而是真诚地向巴菲特鞠了一躬，说："我很想向前辈学习。"巴菲特没想到如日中天的比尔·盖茨会对自己如此恭敬，不由得对他产生了好感。

在会议还没开始之前，巴菲特特意坐在了比尔·盖茨的旁边，与比尔·盖茨聊天，两人从各自的童年以及成长经历，一直聊到对世界经济的看法，在聊天的过程中，两人都发现，对方和自己有着惊人的相似之处，不仅是经历相似，而且对事情的看法，做事的方式也都如出一辙，比如，两人都是白手起家，都喜欢冒险……这个发现让他们产生了相见恨晚的感觉。一个多小时很快就过去了，会议正式开始，巴菲特被催促着上台演讲。然而，巴菲特的开场白却令在座的每一个人都感到意外，他这样说："在开始讲话之前，我想说的是，今天我第一次和比尔·盖茨交谈，他是一个比我聪明的人……"

初次见面为两人日后的交往奠定了好的基础，随着两人交往的日渐深入，他们对彼此的偏见也渐渐地消除，两人的关系也变得更加亲密、融洽。

真心是促成双方坦诚相待的法宝，只有双方都真心实意地想与对方结交，才能更加深入地了解对方，最终双方将会发自内心地赞赏对方，而愿意主动地帮助对方，这样一来，双方的互帮互助就不再是互相利用，企图从对方的身上获得好处，而是互惠互利，相互信任，共渡难关，这样朋友之间关系就能够确立了。

总而言之，如果你不肯付出真心，就不可能得到对方的真心，当然你付出了真心之后，也未必能够得到对方的真心，但是我们不能因此而因噎废食，对所有的人都不肯付出真心。要相信"精诚所至，金石为开"，终有一天，你付出的真心能够收获最牢固的友谊。

不吝啬对朋友的关心

也许每个人都有这样的体会，在新的环境中忙忙碌碌了一阵子之后，突然发觉自己已经很久没有和朋友联系了，于是拿起电话想要和对方聊聊，可是突然又发觉不知道该说些什么，于是又把电话放下。久而久之，原来的好朋友变成了陌生人。人际关系永远也受不了时间和距离的冲击，如果你不在平时多关心朋友，等你想去关心的时候就会发现，一切都无法再回到从前。友谊不是固定不变的，如果我们忽略了对友谊的维护，很快，友谊之花就会凋落。两个人之间的关系无论有多么亲密，如果一年都不联系，两人的关系也会随之变淡，再见面的时候，陌生感就会油然而生。所以，在平时，我们应该多多关心朋友，即使远隔千里，也应该互致问候，只有这样，两人的关系才不会被时间和空间所冲淡。

　　每个人都希望被人关注，尤其希望自己的朋友关心自己，这样可以得到一种被重视的满足感。所以，想要维护与朋友之间的关系，就不要吝啬对朋友的关心。只要你能时常地对朋友表示关心，对方一定会感动的，你们的关系也必然会随着你的关心而逐渐升温。很多时候，我们之所以忘了关心朋友，不仅是因为忙碌，大多数的情况是因为我们觉得朋友并不需要我们的关心，甚至会厌烦我们的关心。在我们的眼中，每个人都有自己的事情要做，如果我们在不恰当的时机去表示自己的关心，反而会引来别人的不快。然而事实上，没有一个人会拒绝朋友的关心，即使他很忙碌，接到你的关心的时候，也会非常感动。

　　王睿和徐彬大学的时候是铁哥们，在一个宿舍住了四年，然而毕业之后，两人各自回到自己所在的城市，开始了忙碌的工作，因此，在毕业之后的半年时间里，两人几乎没有联系过。

　　王睿将一切安顿下来之后，突然想起了自己的朋友徐彬，想要知道他的近况，但是拿起电话的时候，突然觉得不好意思开口，因为好久都没有联系，一种陌生的感觉油然而生。但是，他还是决定问一问，毕竟他不希望这兄弟般的情谊因此而失去。于是他试探性地发出了一条短信：你现在忙吗？最近在干什么呀？好久都没有联系了。过了一会儿，电话响了，王睿一看是徐彬的，赶紧接了。两个人在电话里又恢复了在大学时候的状态，畅快地聊了一通。这一个电话使得两人的关系瞬间拉近了不少。半年的隔阂也消除了。

　　从那以后，王睿经常会发个问候性的短信给徐彬，徐彬同样也会这么做。两人的感情并没有因为分开而冷淡下来。

在通信设备发达的今天，向朋友表示关心是一件再简单不过的事情了，可我们却往往忽略了这一点。两人在一起的时候，觉得没有必要；离得远的时候，不清楚对方的情况，不便贸然打扰；忙碌的时候，更是想不起来。其实，关心朋友根本无须那么多的顾虑。当朋友在我们身边的时候，我们可以关心他的生活。比如，在他生病的时候，照顾他的起居；在他失落的时候，送去贴心的安慰。当朋友不在自己身边的时候，我们可以通过通信工具送去自己的祝福，了解朋友的近况。无论怎样，当朋友从我们这里得到关心的时候，总是会被感动的。

也许在我们看来，这样的关心实在是微不足道，但是在维护友谊方面，它却起着巨大的作用。关心是维持与朋友的关系的投资最小、见效最快的一种方式。如果你不想失去友谊，就让你的关心时时出现在朋友的生活中吧。

总而言之，不要再吝啬你的关心，把自己的目光聚焦在朋友的身上，随时关心朋友的生活，在适当的时机把自己的关心送上，你们的友谊之花将会绽放得更加美丽。

不求回报地帮助朋友，帮不上大忙帮小忙

也许我们每个人都有这样的体验，当你遇到难以解决的问题的时候，朋友过来帮忙，问题就迎刃而解；当你感到心情烦闷的时候，朋友过来开导你，你立刻豁然开朗。在获得帮助的同时，你的感激之情会油然而生，你与朋友之间的感情也会因此而加深。所以，想要在朋友博弈中获胜，让两人的友谊更加牢固，你就必须不求回报地帮助朋友，只有这样，对方才会从我们的帮助中获得温暖，感受

到友情的美好，才能更愿意与我们建立良好的关系。

也许有人会说，现在的人做任何一件事都是带有功利性的，谁也不会毫无目地去帮助任何人，朋友之间也是如此。然而，事实并非这样，如果每个人在帮助他人之前，都想着获得回报，都要衡量得失的话，那么就不会有那么多人无私地帮助贫困儿童、灾区群众了。陌生人之间尚且能互帮互助，更何况朋友之间。事实上不求回报地帮助朋友并不意味着我们就得不到回报，也许在当时，我们得不到回报，但是当我们需要帮助的时候，朋友会无私地帮助我们，这不也是一种回报吗？

彭坦的性格十分开朗，而且对待朋友也是真心实意，因此几乎所有的同学都给予他很高的评价，从来没有一个人说他不好。每年期末的德育考评，他总是能得到最高分。

在课余时间，彭坦会定时地出现在学校的各个角落：自习室、图书馆、食堂、宿舍楼传达室等，但与勤工俭学的人不同，彭坦是在义务帮忙。他总是在做完实验后刷干净所有的仪器才离开；他总是默默地在图书馆将那些被拉乱的书籍一一放回原位；看到传达室大爷分信件他也会主动帮忙跑腿儿……当别人问他这是图什么的时候，彭坦笑笑说："反正就是伸把手的事儿，人家得方便，我也不吃亏呀。"每次帮助完别人，彭坦的脸上总是挂着笑，在他看来，自己所做的都是力所能及的小事，根本不值得一提。

有一次，彭坦的一个朋友因为生病很长时间都没来上课，彭坦不仅将自己做的笔记带给他，而且还去医院给朋友补课。事后，朋友非常感谢他，可他也只是回答："朋友之间就应该相互帮助。"

"赠人玫瑰，手有余香"，彭坦积极致力于帮助他人，自己却并不要求回报。他说："我是发自内心地想帮助这些有困难的人，很多事情我也经历过，所以能了解，只希望尽自己一份微薄之力，为他人排解一些难题，这太平常了。"

不求回报地帮助他人是获得友谊的有效办法，不求回报地帮助朋友是加深友谊的不二法门。如果你还在因为帮助别人之后没有得到回报，甚至连"谢谢"都没有得到而抱怨不止、耿耿于怀，那就赶紧消除这种想法，因为你将会因此而收获友情。

朋友之间的互相帮助是一种真诚的付出，如果非要给它戴上功利的"帽子"，那么你就是在亵渎自己的友谊，最终将因此而失去友谊。如果你是在追求回报的基础上去帮助朋友的，必将因得不到回报而烦心，失去帮助朋友应该有的快乐。

有的时候，我们想要去帮助朋友，却发觉自己力不从心。事实上，帮助朋友，只要在自己力所能及的范围之内尽力去做就行了，比如，在朋友口渴的时候递杯水，在朋友难过的时候安慰两句。这些事情虽然不大，却处处体现出友情的温暖。如果我们非要去帮朋友做一些超出自己能力范围的事情，最终反而会因为无法做好而落下埋怨，影响双方的情谊。

不求回报地帮助朋友是友情地久天长的保障，它就如同甘霖一样不断地滋润着友谊之花，让友谊之花越开越美。

帮助朋友也要讲技巧

也许有些人会陷入这样的困惑中：为什么自己在朋友需要帮助的时候，主动伸出了援助之手，而对方却不领情？事实上，帮助朋友肯定不是错事,错就错在帮助的方法上。朋友之间本应该是平等的,帮助朋友也应该是出自于真心的。如果你在帮助朋友的时候太过高调,或者是摆出一副高高在上的样子,好像朋友接受了你的帮助就低你一等,那么朋友自然不会接受你的帮助,毕竟谁也不愿意在朋友面前失了面子。

正所谓"贫者不受嗟来之食",即使是在需要帮助的情况下,任何人也不希望朋友把自己看扁。如果你在帮助朋友的时候忽略了这一点,就会好心办坏事。有一个故事说,一个乞丐在行乞,其他的人都是随手把钱丢在乞丐的面前,这让乞丐非常难堪。只有一个人恭恭敬敬地弯下腰,把钱放在了乞丐的碗里,乞丐立刻露出了感激的神色。朋友虽然不是乞丐,但是帮助朋友的时候,如果你的态度不好,也会让朋友产生不愉快的感觉。如果是那样的话,你对朋友的帮助不仅不能让朋友感激你,反而会伤害彼此之间的感情。

王鑫找到了一份不错的工作。可是要做这份工作,前期需要有一定的投入:首先要买一套职业套装,其次要买一台电脑。可是她刚刚毕业,没有什么积蓄,向父母要钱吧,觉得不好意思,于是她决定向自己的好朋友借钱。

王鑫的这个好朋友是她的发小,两人一起长大。后来,王鑫去读大学,她的朋友则出去打工了。两年前,朋友嫁人了,她的丈夫是一个非常有钱的人。当她听到王鑫要借钱的时候,立刻说:"没问题,这点钱不算什么,我马上把钱打给你。如果你周转不过来的话,就不要还了。"朋友的态度和语气让王鑫很不舒服,她感觉自己像是一个乞丐。

两周以后,王鑫东拼西凑凑够了钱,赶紧将其还给了朋友,她那位朋友还很奇怪地说："你怎么突然间又有钱了？我说了，不用还了，你留着用吧。"王鑫一听到这样的话，觉得更加不舒坦，坚决把钱还给了她。

朋友之间互相帮助本是应该的事情，如果你把这种帮助变成了"施舍"，你与朋友之间的关系将会因此而产生裂痕。有些人一旦帮助了朋友，就觉得有恩于朋友，在心理上产生了优越感，举手投足之间表现出高朋友一头，这样的态度和行为肯定会破坏你在朋友心中的好印象。

如果你不想让帮助朋友的行为葬送了原本纯洁的友谊，就必须懂得帮助朋友的技巧，只有这样，朋友在接受你的帮助的时候，才不会对你产生误解。下面几点值得借鉴。

第一，在给予对方帮助的时候，不要表现出优越感，这样只会让人觉得有愧于你，而且在某些时候，你的这种表现还会让对方觉得接受你的帮助是一种负担。

第二，把对朋友的这种帮助当做是理所当然的事情，一切都表现得很自然。也许对方当时无法强烈地感受到你的帮助的巨大作用，但是日子久了，从生活中的点点滴滴中，对方也能够体会出你对他的关心，这就更增加了对方对你的好感。

第三，帮忙时切莫摆出一副抑郁的姿态，不可以心不甘、情不愿，至少不要表现出来。如果你在帮忙的时候表现得很勉强，让朋友感觉到你言不由衷，那么他是不会从内心里真正感激你的。

古语有云："投之以桃，报之以李。"当我们用真心去帮助朋友的时候，朋友会感激你，用别的方式来回报你给予的帮助。这样，你与朋友之间的关系就能越来越亲密。

第九章 ▷

生存博弈: 强者未必是赢
家, 弱者未必是输家

生存的博弈是残酷的。在战场上，不是你死，就是我死；在竞争中，不是胜出，就是被淘汰。但这就像打扑克，拥有一手好牌的强者不一定是赢家，拿着一手烂牌的弱者也未必是输家。所以，无论我们是强者还是弱者，都必须以十二分的精神去对待生存博弈。

枪手博弈：最有能力的不一定胜出，炮弹总是射向暴露的目标

有三个枪手，枪手 A 的命中率是 80%，B 是 60%，C 是 40%。他们同时举枪瞄准、同时射击另两个人中的一个，要尽可能消灭对手，每个人一次机会，一颗子弹，目标是努力使自己活下来。谁活下来的可能性最大？按理来说，枪法最好的 A 应该最有生存的希望，然而事实上，存活概率最大的却是 C。

对于 A 来说，威胁最大的是 B，而对于 B 和 C 来说，威胁最大的都是 A，所以，A 会向 B 开枪，而 B 和 C 则会同时向 A 开枪，这样，三个人各自生存的概率是：

A = 100%−60%−（1−60%）×40% = 24%

B = 100% −80% = 20%（因为命中率为 80% 的 A 在瞄准他）

C = 100%（因为没有人瞄准他）

在现实的生活中，参与博弈的人很多，在这种错综复杂的关系之下，往往会出现出人意料的结局。博弈最终的胜出者往往不是最有实力的人，而是最弱小的一个，因为炮弹总是射向暴露的目标，最有实力的人往往会成为众人攻击的对象。

在多人博弈中，人与人之间都是互相牵制的。古人曾说："螳螂捕蝉，黄雀在后。"当你将身边最大的威胁铲除的时候，其他人已经在对你虎视眈眈。再者说，在博弈中，最有实力的人往往是最有可能胜出的人，其他所有的人都会将其视为对手，一有机会就会想方设法将其扳倒。

《红楼梦》中的晴雯在大观园的众丫头中是最出色的一个，当年贾母正是看中她的机灵聪明才拨到宝玉的屋里，而且还打算让她做宝玉的人。可是就这样一个玲珑剔透的人却在抄检大观园的时候，成了牺牲品，最终香销玉殒。其实晴雯之所以会有这样的结局，完全是因为她自己不懂得掩藏自己的锋芒。

晴雯具有反叛意识，不俯就、不媚俗，为人又过于刻薄、尖酸，不仅对下面的婆子们不客气，即使是对宝玉屋里的袭人、麝月等人也不客气。在她有势力的时候，旁人不敢拿她怎么样，但是众人的心中早就积存了对她的怨恨。直到大观园闹出丑闻，王夫人震怒的时候，晴雯就成了众矢之的，几乎所有的人都在落井下石，在王夫人面前说尽了她的坏话，说她是狐媚子。王夫人一听这就不乐意，自己一个好好的宝玉，不能平白让她给勾引坏了。于是，在抄检大观园的时候，将病中的晴雯撵了出去。就连欣赏她的贾母在听了王夫人的一番话之后，也觉得她不好了。

"枪打出头鸟"，在博弈中，谁让自己远远超出众人，谁就会成为被打击的目标，取胜的可能也就非常渺茫了。所以，博弈的成败不仅取决于实力的对比，更重要的是策略的使用。即使你是所有参与博弈的人中最优秀的一个，也要懂得隐藏自己的实力，只有这样，你才不会成为被攻击的目标。

成功还要靠把握局势

有的人说成功靠的是能力，只有有能力的人才能做出一番成就；也有人说成功靠运气，没有运气的话，再有能力的人也没有施展的机会。不错，运气和能力都和成败有关，能力是决定成败的基础，运气是推动成功的偶然性因素。然而，有了这两点就一定能成功吗？未必。我们所生活的环境是错综复杂的，在这样的环境下想要取得成功，必须要懂得把握局势，只有把局势看透了，才能采取正确的策略，为自己赢得最大的利益。

　　一个日本客商来到中国，想要采购一大批玉米作为原料，可是他并没有着急去购买，而是仔细观察当时的行情。当时，已经有两家公司前来找他洽谈，而这两家公司相隔很远，并不知道对方的底细。日本客商认为，这对自己来说，是一个非常好的局势，只要妥当地加以利用，就可以以最低的价格完成这次的大宗交易。

　　第一家公司前来找他洽谈的时候，给出了当时的市场价 35 美元一吨。这名日本客商对此很不屑，说对方没有诚意，拂袖离去。这一来，那家公司就慌了，赶紧再次找他联系，而他则避而不见。几天以后，当对方开出了 32 美元一吨的价格的时候，他才对对方说："我的助手联系的另外一家公司只要 31 美元。"

　　这家公司为了确定其所说的话，于是联系到了那家公司，果不其然，他们果然在和日本客商的助手讨价还价。为了争得这笔生意，这家公司再次将价格下调到 30 美元。可是很快又传来消息，对方已经将价格降到了 29.5 美元。于是这家公司也跟着将价格降到了29.5 美元。这个价格已经没有什么利润了。

　　29.5 美元的价格已经打动了日本客商，眼看生意就要成了。可是在最后关头，日本客商却消失得无影无踪。

　　原来，这名日本客商看过两家的玉米之后，早就做出了决定，要买另外一家的。只不过，对方的价格一直不肯降。于是他就故意和这家公司进行商谈，而让自己的助手和那家公司谈。其实那家公司将价格降到31美元就没有再往下降，只不过，这家公司已经完全相信有竞争对手存在，所以，那些虚假的降价消息促使这家公司不断降价。最终，日本客商利用这家公司的不断降价，胁迫他所选中的那家公司也不得不做出让步，以29.5美元的价格将玉米卖给了他。

一个不能把握局势的人，拥有再强的能力和再好的运气，也很难走向成功。三国的刘备是有运气的，关羽、张飞是有能力的，可是在没有得到懂得把握局势的诸葛亮的指点的时候，三个人总是寄人篱下，不知何去何从。当诸葛亮分析完局势后，刘备就豁然开朗了，看到了成功的希望。由此可见，懂得局势是多么重要。

聪明的人总是善于利用局势为自己谋取最大的利益，这正是成功的人聪明的地方。有的时候，我们会把不能成功的原因归结于世道不好。然而事实上并非是世道不好，无论在什么世道下，总有成功的人的，他们的成功就是源自于他们对局势的把握和利用。

同样的局势既能造就成功的人，也能造就失败的人。失败者和成功者最大的区别之一就是成功者懂得利用局势，失败者看不透局势。局势是一个广泛的概念，既包括我们所生存的大环境，也包括我们生活的小环境。无论是大环境，还是小环境，都是处在不断的变化中的。所以，如果我们想要成为一个成功的人，不仅要培养自己的能力，还要提高自己把握局势的能力。

学习弱小蜥蜴的生存智慧

蜥蜴是很弱小的动物，可是它却在地球上生活了上亿年。蜥蜴的生存之道就只有两个字：适应。蜥蜴可以随着环境的改变，不断地改变自己的肤色。在黄色的土地上，它是黄褐色的；在草丛里，它则变成了绿色。"变色"让蜥蜴逃过一次又一次的劫难。事实上，人和蜥蜴一样，也面临着这复杂的生存环境，如果我们不懂得改变自己，让自己适应生存环境，必然会因为环境的变化而惨遭失败。

在经济学上，有一种"蜥蜴哲学"。一位经济学教授说，在多变的经济环境中，为什么小企业的赢利点要比大企业多，原因就在于小企业更具有适应性，它可以随时调整自己的产业结构。我们所处的环境也在不断变化，它也要求我们要不断地适应新的环境，否则很可能遭受失败。比如，当我们从校园走向社会的时候，周围的环境发生了巨大的变化，这个时候，我们的角色也从学生转化成了社会人。如果我们不能完成角色的转变，必然会因为不适应社会而被社会淘汰掉。

姬正是一名优秀的学生，在大学的时候，不仅成绩一直名列前茅，而且积极地参加学校的各种活动，还在社团里担任职务。所以，在学校里，他一直都是明星，所有人都为他的优秀而折服。而他也是自信满满，相信自己将来一定可以有远大的前途。

大学毕业之后，环境立刻发生了变化，原本的表扬和喝彩声逐渐远去，姬正感觉颇不适应。不过，他相信自己一样可以在职场中创造辉煌。于是他开始往自己心仪的单位投递简历，可是一份份简历投出去后都没有回应，这让他有点不知所措。一向自认为优秀的他，无论如何也想不通，为什么那些单位都对自己不屑一顾。

其实，姬正的确是优秀的，只不过他没有意识到环境的改变，也没有想去适应环境。从校园走出之后，一切都发生了变化，一切都要从零开始。可是他始终不能忘记自己曾经的优秀，所以在投递简历的时候，他一直都投那些高职位，结果只能是没人理会。

姬正接受不了这个现实，他开始变得消沉，其他同学都找到了工作，他还是没有下家。

强者最大的悲哀就是无法像蜥蜴一样适应各种生存环境，在强者的眼中，他们具备改变一切的能力，所以他们只想着改变，而不去适应，结果在不适应中走向失败。

美国通用公司前任总裁杰克·韦尔奇说：这个世界是属于弱者的，因为弱者最懂得适应。相对于强者来说，弱者更愿意不断改变自己，让自己适应新的生活环境，这使得他们最终能够在变化的环境中生存下来。比如，一个能力不突出的人，在职场中往往愿意先从基层做起，逐渐提升，最终坐上领导的位置。而一个能力突出的人很可能因为自己"不受重用"而愤然离职，其职场生涯一直在跳槽中度过。

世上没有绝对的强者和弱者，强者和弱者都是相对于某个具体的生存环境而言的。无论是强者还是弱者，在面对一个新的环境的时候，首先要做的是适应环境，只有适应环境，才能在新的环境中变成强者。

故意示弱是制敌而非制于敌

示弱只是一种表面的现象，是做给对手看的，真正的目的是为了最终将对手制服。鹰立如睡，虎行似病。鹰和虎都是自然界中的强者，它们之所以会这样，完全是为了迷惑它们的猎物，使猎物放松警惕，等到时机成熟，以迅雷不及掩耳之势，将猎物捕杀，这是自然界的生存之道，也是人的生存之道。所以，聪敏的人在博弈中总是会采用示弱的方法为自己争取成功机会。

司马懿在局面不利于自己的情况下，主动告老还乡，且装病骗过了曹爽，最终将其战胜；汉高祖刘邦在局面不利于自己的情况下向项羽示弱，最终将其打败；孙膑在饱受折磨之后，装疯骗过了庞涓，最终得以报仇雪耻。示弱是一种人生的智慧，在强大的对手面前，硬拼显然不是好办法。此时，故意示弱才是一剂良策，你的示弱，会麻痹对手，让对手以为你已经必败无疑，这样对手就会放松警惕，我们也就可以"暗度陈仓"。

为了争夺管理大权，公司内部的股东们出现了分化，形成了两大派，一派是现在握有管理大权的，一派是准备得到管理大权的。能否在公司中拥有管理权，关键要看所占有的股份多少，于是双方开始从拉拢股权入手。

在野的这一派在开始的时候，频繁活动，股权比例迅速超过了当权派。当权派的人开始着急，可是在本地的股东几乎都被对方拉拢过去，着急也没有办法，只能争取外地的股东，否则必败无疑。

那个时候，双方都在严密监视对方的动静，为了不让另一派的人发觉，当权派故意削减自己的股权。果然，在野派眼见当权派越来越不支，就以为自己胜券在握，因此也就不再去拉拢其他股东。

在这个时候，当权派四处活动，将外省的股东大都拉拢过来，为了不引起对方的注意，他们故意隐藏起来，暂时不进行登记。等到登记期限到了的时候，当权派所拉拢的股权已经完胜对方。他们将所有的股份一一进行了登记，在野派的人目瞪口呆，可是期限已满，他们已经失去了机会。

示弱的根本在于懈怠对方的精神和注意力。当我们碰到一个强大的对手的时候，和他硬碰硬只会让自己过早地失败。在这种情况下，我们用示弱的方式，让对手不再将我们视为有威胁性的对手。这样，我们就可以保证起码的生存。在此基础上，我们可以慢慢地积蓄力量，等到实力够强大的时候，就可以向对手亮剑，杀对手一个措手不及。

在现实的生活中，我们难免要面对竞争，尤其是走上职场以后，竞争更加激烈。而刚刚走进职场的我们根本不具备和他人进行竞争的实力，这个时候，如果我们与对手进行硬碰硬的比拼，必然要陷入失败中。所以，刚刚进入职场的时候，在同事面前，我们要表现谦虚一点，只有这样，同事才不会注意到我们，更不会想办法对付我们。当我们具有足够能力的时候，一举做出惊人的成绩，必然可以收到奇效，在职场中获得提升。

做人固然需要刚强，但是一味刚强，则有可能会碰钉子。我们没办法改变所生活的环境，我们的竞争对手也始终存在，想要在这样的环境中生存并取胜，就必须学会示弱。尤其是在形势不利于自己的时候，更要用示弱的方式，让自己占据有利的地位，否则，只能陷入失败中。

一家建筑公司参与一个工程竞标，这家公司刚刚成立不久，资本不够雄厚，业内的名气也不够响亮，面对强大的竞争对手，却带着初生牛犊不怕虎的精神，与对方硬拼起来。结果，在其他大的建筑公司的竞价下，价格越来越低。最终该建筑公司虽然拿到了工程，但是那个价格已经不足以让其赢利，反而是工程单位从中捞取了油水。

工程既然已经揽下来，就必须要做下去，随着工程的不断推进，需要的钱越来越多，该建筑公司根本没有那么多的资金来垫付，到最后连工人的工资也发不出来了。没多久，工程就停了下来。而工程单位又以耽误工期为由，将其告上了法庭。最终这家建筑公司只能申请破产。

与比自己强大的对手竞争，即使取得最后的胜利也必然要为之付出沉重的代价，这个代价甚至会超过所得。所以，在生存博弈中，最大的智慧就是向比自己强的对手示弱。只有这样，才能获得生存的机会。

三分才干弄得像十分，不如十分才干只显露二分

在生活中，总有一些人喜欢卖弄自己，无论何时何地，只要有他出现的场合，他就不会安静地听别人讲话，非要自己出尽风头不可。这样的人看起来才华横溢，实际上却是"一瓶不满，半瓶晃

荡",明明只有三分才,非要装扮得有十分。这样的人永远都不会真的得到他人的尊重和喜欢,因为在他们出尽风头的时候,其他人就会黯然失色,这必然会让其他人心生不满,甚至怨恨。

吕鑫是一个极爱出风头的人,无论在哪里都少不了她的身影。在办公室里,同事们三五一群地闲聊,她总是会凑上前去,抢过别人的话题,滔滔不绝地讲下去。开始的时候,同事们挺喜欢这个爱讲话的女孩,觉得她很可爱。可是时间久了,人们就觉得她有点讨厌了,因为她总是会让别人失去表现的机会。于是,同事们纷纷都避着她,每当看到她走过来,同事们都很统一地结束话题,各走各的。

吕鑫不仅会抢同事的风头,还会抢上司的风头。每周一的例会上,部门领导还没讲几句呢,她就接过话头,整个会议立马成了她的专场演讲。甚至有一回,总裁前来视察工作,上司正在汇报工作的时候,她也把话抢了过去,对着总裁说了一通,气得上司满脸铁青。

后来,吕鑫在公司成了孤家寡人,谁也不待见她。后来有一次,她在工作中出现了失误,上司直接以这为理由,将她辞退了。

锋芒毕露是做人的大忌,明明只有三分才却非要弄成有十分,这样的自吹自擂本身就已经够让人讨厌的了,再加上你的锋芒毕露掩盖了他人的光芒,必然会招来不满和嫉恨。别说你只有三分才,就是你真的有十分才,在别人的面前也不应该显露出来。

古希腊著名哲学家苏格拉底曾说:"你只知道一件事,就是一无所知。"英国19世纪政治家查士德裴尔爵士则训导他的儿子说:

"你要比别人聪明，但不要告诉人家你比他们更聪明。"

真正有才华的人从来不把自己的才华露在表面上，无论在什么时候，他们总是谦虚低调，有十分的才华却只显露三分，让别人表现得比自己优秀。只有这样，他们的才华与谦虚才能真正赢得旁人的尊敬。

著名科学家玻尔学问渊博，但是他从来不卖弄自己的学问，每当他对别人的观点提出不同意见时，常常预先声明"这不是为了批评，而是为了学习"。这句话后来成为一句名言被人印在一期物理杂志的封面上，作为献给玻尔的生日礼物。

有一次，玻尔去参加一场学术演讲，那人的演讲效果非常差，玻尔也认为他的演讲完全是在胡扯。但是他还是饱含热情地对演讲者说："我们同意你的观点的程度，也许比你所想象的还要大！"

玻尔与伟大的物理学家爱因斯坦展开过一场为期近30年的学术大争论，两人的观点完全对立。但是爱因斯坦却对自己的这个对手评价甚高，他认为，在反对他的学术观点的阵营中，玻尔是最接近于公正地处理他所代表的学术观点的人。

玻尔这种为人处世的态度，不仅有助于他在学术上取得巨大的成就，而且使人们发自内心地爱戴他。他的为人往往比他的科学教育成就更为人们所仰慕和歌颂。

在他人的面前显露自己的才华是必要的，也是应当的，但是绝对不能过度。当你过分地显露自己的才华的时候，就是对他人的不尊重。比如，当别人在说错的时候，如果我们指出来，虽然显示出自己的才华，却会让别人下不来台。所谓物极必反，过分外露自己的聪明才华很多时候都会导致自己的失败。

三分才干弄得像十分，不如十分才干只显露三分，懂得"守拙"才能改善与他人的关系，改善自己的生存环境，让自己的才华真正得到释放和施展，最终取得辉煌的成就。

想要以弱胜强，用"田忌赛马"的法宝

"田忌赛马"的故事我们都知道，田忌在整体实力逊于齐王的情况下，赢得了比赛，实现了以弱胜强。之所以能够有这样的结果，就是因为采取了避实就虚、避敌锋芒的策略。田忌的马虽然整体不如齐王的马，但是其上等马和中等马却胜过齐王的中等马和下等马，于是孙膑调整对阵的顺序，集中自己的优势资源战胜了齐王，虽然第一场输得很惨，但是却赢了后两场。

在竞争博弈中，当我们处在下风的时候，如果与对方硬碰硬，则必输无疑；相反，如果我们在对方占优势的方面主动认输退让，然后集中自己的优势对付对方的弱点，必然能够在其他方面胜出。只要我们所胜出的方面比较多，我们就是最后的赢家。

1985年6月，美国波音公司的客机连续三次发生了空难事件。而当时波音公司正在与"空中客车"公司争夺日本全日空的一笔大生意。

波音公司和"空中客车"公司实力相当，其所生产的飞机在先进性和可行性方面的差别也不大，因此，日本全日空进行长时间的比较后，一直没能做出最后的取舍决定。正在谈判的关键时刻，波音公司发生了空难事件，这使得波音公司在这场竞争中完全陷入了

弱势地位，想要再战胜"空中客车"公司，简直比登天还难。

波音公司当然不会就此认输。一系列的事故让波音公司无法在飞机的安全性和稳定性方面下工夫，毕竟事实摆在眼前，说破了大天，全日空方面也不会动心。只有避开这一点，从其他方面入手，全力压倒"空中客车"公司，才能挽回败局。于是，波音公司采取了"货真价实"的推销战术，与此同时，他们还采取了"全方位进攻"的策略，在财务方面、零配件的供应、飞机的保养以及机组人员培训等方面给了全日空很大的优惠条件，以调动起对方购买的兴趣。

此外，在空难事故发生之前，波音公司为了战胜竞争对手，已经与三菱、川崎和富士三家日本著名重工业公司合作制造波音767机身部分。在这场争夺战中，波音公司一边向它的合作者提供了价值五亿美元的制造订单，一边主动提出与日方合作制造150架767型客机，以便帮助对方与"空中客车"公司生产的客机抗衡。

波音公司的一系列举动获得了日本企业家的认同，最终，在空难事件之后，战胜了强大的对手——"空中客车"公司。

波音公司的策略无疑是明智的，在空难事件之后，竞争形势对自己非常不利，自己完全处在下风。在这种情况下，唯有避实就虚，躲开"空中客车"的锋芒，从其他方面入手，提供更多的优惠策略，才能消除空难事件给竞争蒙上的一层阴影。

很多情况下，竞争并非是简单的对抗，其中包含着众多的复杂的要素。虽然我们的整体实力不如对方，但是在某些方面却是能够胜过对方的。比如，我们的资金没有对方多，但是我们的服务却是一流的；我们的学历没有对方高，但是我们的动手能力却是最强的。这些方面正是我们胜出的关键部分。

在竞争博弈中，我们每个人都有各自的优势资源和劣势资源。聪明的人在竞争中，总是会拿自己的优势资源和对方的弱势资源进行比拼。这样，即使是在整体实力较弱的情况下，也一样能够战胜对方。

后发制人，跟随也能取胜

在竞争中，"先发制人，后发者制于人"并非是一个铁定的定律。很多时候，先发者往往全部暴露于后发者面前，其所有的弱点都会成为后发者进攻的对象，而后发者则可以结合自身的优势与劣势，紧随其后，从中获取丰厚的利润。

某大公司在业务发展中发现，在中国市场上，"解酒产品"还是一个空白市场，且潜力巨大，于是决定上马这项产品，以抢占先机。该公司迅速组织人力、财力、物力，一方面进行产品的研发，一方面投入巨额资金进行宣传。经过一段时间的努力，该公司建设了众多的终端渠道，打开了市场，占据了大量的市场份额。

与此同时，一家小公司也看到了这个市场的潜力，但是面对这样一个强大的竞争对手，那家小公司似乎无从下手。当然这家小公司没有放弃，该公司的主管仔细研究了那家大公司的营销策略，又审视了自己公司的实力，最终找到了抢占对方市场份额的方法。

该公司的做法就是在重点区域进行拦截。该公司派出工作人员在自己看好的区域进行终端渠道建设，而且其终端渠道的密集度远远高于那家大公司。其低端产品的定位价格远远低于那家大公司。再加上长期的宣传，这家小公司终于在那些重点区域获得了相当大的市场份额。

那家大公司虽然非常恼火，但是却也无能为力。其长久以来的宣传已经让公司的产品有了固定的高端定位，而且在全国已经形成了一种趋势。此时，如果与那家小公司进行价格战，反而会影响自己的声誉，而且其大投入、高产出的策略也会因此而搁浅，甚至会赔本。无奈之下，只能任由那家小公司踩着自己的肩膀往上爬。

这家小公司是聪明的，从实力上来讲，它远远不如那家大公司。但是其后发制人，让那家大公司在重点区域的宣传成了自己培育市场的工具，借着那家大公司的光，实现了"以小搏大"。

在某些情况下，后发制人，跟随而上也能使你在竞争中脱颖而出。对于一些弱小的企业来说，先发往往不是好的策略，毕竟自己在各方面的实力都不足，一旦失败，就会陷入困境，即使不失败，那些大企业想要后来居上也是非常容易的。因此，对于弱小的企业来说，后发制人才是最优的策略。一来可以借鉴那些先发的大公司的经验，让自己的发展道路更加平稳，二来可以在产品、定价甚至包装等方面模仿领先企业，逐步与对方缩小差距，并最终战胜对方。

当然，后发制人也需要有优秀的战略指引，如果不能形成一套严谨的发展策略，那么必然会在跟随中迷失方向，毕竟大企业和小企业之间是有很大的不同的。跟随策略只有选择得当才能最终实现产品的价值，创造丰厚的利润。

第十章 ▷

选择博弈: 向左还是向右

人生就是一个选择的过程，一次选择就是一场博弈，而一场博弈有时就能决定我们未来的人生方向。因此，在选择博弈面前，我们必须慎之又慎，在做出最终的判断之前，一定要结合自身的状况，进行科学合理的分析，做出一个有利于自己的选择。

工作还是考研

　　一边是竞争激烈的职场，一边是千军万马过独木桥的研究生考试，是立刻开始自己的职场生涯，还是继续做学生，也许你正在徘徊于这两者之间，不断地追问自己，哪个选择才是最好的。其实，是工作，还是读研，要结合自身的状况，好好地思量一番，再做决定，否则对自己的前途将会产生不良的影响。

　　2007 年毕业的王璐在第二年放弃了工作，准备参加研究生考试。王璐在大学的时候，学习的是新闻学专业，大三下学期的时候，很多同学都已经在准备考研了，可是王璐认为凭自己的能力，完全可以找到一份好的工作，根本没必要考研。可是毕业之后，她在职场中屡屡碰壁，先是去一些知名媒体应聘，被拒之门外。后来她又去参加一些企业的招聘，最终在一家小公司的宣传部门做了一份文职工作。

　　这与她的理想有着天壤之别，工作了一年之后，不甘就此下去的王璐选择了辞职，一门心思地考研。可是现实再次让她饱受打击，她连研究生初试都没有通过。不得已，她只能再次走向职场，但是将近一年的职场空白期，让很多用人单位对她的能力产生了怀疑，很长时间她只能待业在家，最后找到了一份工作，还是从头做起。

　　无论是考研，还是找工作，都是为了将来能有一个好的前途，那么我们就不得不分析考研和工作的利与弊。研究生学习需要三年的时间，如果你选择考研，你就必须保证这三年的时间换来的不只是一纸文凭，还必须要学到实实在在的知识。而这些知识对于你未来的工作必须要有很大的帮助。否则，考研就失去了应有的意义。如果你不考研的话，就有三年的工作经验，这足以给你的工作带来很大的帮助。所以，是考研还是工作，主要应该考虑以下几点：

第一，你的个性。并不是每个人都适合学习，如果你属于性格外向，具有良好的沟通能力，且不愿意坐下来研究学术的人，选择参加工作收获将会比较大。相反，如果你是一个性格沉稳，对研究非常感兴趣的人，那么考研或许能让你得到更多。

第二，考研的目的。现在的就业压力很大，一些应届大学生考研并不是因为喜欢学校，而是为了躲避就业压力。如果你是抱着这样的态度去考研，只怕你连研究生考试都过不了。所以，如果你不是带着学习的目的去考研的，那就选择去职场中历练吧。

第三，职业规划。学历是就业的一道门槛，有些职位对于求职者的学历要求比较高，比如，高校、科研单位等，如果你想要在这些地方谋职，那你只能选择考研。相反，如果你想要去做一些务实的工作，能力就比学历要重要得多，用三年的时间去磨合，得到更多的工作经验，应该更有利。

第四，专业的差异。专业划分对于是否需要考研也有很大的影响。对于那些偏向于比较抽象的理论研究的专业，我们有读研的必要，因为如果不进行系统、深入的学习，我们很难在这样的领域做出成绩。而那些操作性和实践性非常强的专业，则不需要太多的理论储备，本科教育已经足够用了。

考研和工作并非是两个不共戴天的敌人，而是相辅相成的，两者的关系就是学历和能力的关系，学历很重要，能力也很重要。在考研与工作的岔路口，我们的选择一定要为自己的将来服务，既不屈服于就业压力，唯学历至上，也不能强调"读书无用论"，无视学历的存在。

去小公司还是去大公司

公司的选择在我们职业生涯中也是很重要的，因为公司是我们施展才华的一个空间和平台，关系到我们的发展前途。很多人都会面临公司选择的问题：是去已经发展成熟且具有一定规模的大公司，还是去刚刚起步的小公司？首先我们要了解大公司和小公司的特点。

大公司的特点主要有以下几个。

第一，有其成熟的企业文化和管理体制，部门间分工明确，有相关的培训及长远的职业生涯规划。

第二，员工多，在那里你可以接触到不同的人，锻炼你的交际能力。

第三，公司拥有很好的团队，你可以从中学到很多专业的技能，提高自己。

第四，薪酬较高，福利较好。

第五，较多条条框框，做事情时会感觉束手束脚。

第六，公司人才济济，竞争激烈，较难在短期内快速晋升。

小公司的特点主要有以下几个。

第一，公司员工较少，人事上的调动更灵活，而且在那里"身兼数职"，可以获得丰富的经验。

第二，公司管理松散，老板与员工的距离较近，人情味比较浓厚，没有那么多细节和规矩，所以发挥的空间也相对较大，付出的努力容易受认可，成就感也更大。

第三，公司漏洞较多，职业发展没有连续性，经常会出现职务变动。

第四，薪酬较低和福利较差。

第五，没有长远的人才培养计划，更加注重眼前利益。

通过上面的比较可以看出，无论是大公司也好，小公司也罢，都不是十全十美的，所以选择的时候要综合考虑自身的情况，不要轻率做出选择！

首先要考虑的就是自己的性格和自己的能力。如果你是追求闲适的生活状态，喜欢宽松的办公环境而不是刻板的办公环境，你应该选择小公司，那里的管理制度没有那么严格，没有那么多的条条框框来束缚你，你可以尽情地发挥才能。反过来，如果你是一个生活很规律的人，习惯于朝九晚五的生活，那就要选择大公司，那里的严格的规章制度会让你的工作有条不紊地进行，规律的作息时间能够适合你的需求。如果你是一个初出茅庐，没有任何经验的人，最好去小公司，在那里你可以获得更多的机会去锻炼自己，提高自己的能力。如果你已经是一个成熟得可以独当一面的人，当然应该去大公司，那里一定会非常欢迎你。你也可以在大公司里进一步发展自己的事业。

其次就要考虑自己中长期的职业规划。很多人会抱着"宁做鸡头，不做凤尾"的态度来选择公司，也有些人认为"舞台有多大，前途就有多大"。其实这两者都是片面的观点。选择公司时，这种偏执的想法是要不得的。你必须结合自己的职业生涯规划来选择。

某外资企业的人力资源总监曾经谈过自己的从业经历，她说她刚毕业时同时被两家单位录取，一个是大型的合资企业，另一个是个体小公司，她选择了后者。因为她有一个计划，就是在五年内读完在职研究生，取得硕士学位证书。她认为小公司会比较宽松，她会有更多的时间来学习。

很快她就发现实际情况并不是她想象的那样。小公司没有明确的作息时间和休假制度，一切都要围绕老板转，老板要加班就必须要加班。

于是她跳槽到一家规模较大的公司，规律的工作模式给了她更多的学习时间。她也按部就班地完成了她的计划。

在小公司里不会一辈子没有前途，在大公司里也不会一步登天，哪里适合自己发展哪里才是最好的。人生是分阶段的，不同的阶段，自身的状况也会改变，可以适时地调整自己的选择。

选择公司就像是在选择钓鱼的水塘一样，首先你要看水塘里有没有鱼，还要看有没有你想要的鱼，然后就要看你手中的渔竿和渔线是不是能够拉得动池塘里的鱼。把这些问题搞清楚之后再去做选择，你的选择才是正确的。

坚守还是跳槽

在自主择业的今天，跳槽已经成了职场中最常见的现象，每年的年初，职场中近 1/3 的人选择了跳槽。然而跳槽之后的结果却各不相同，有的人如愿以偿地找到了一份工作环境良好、薪水高、有发展前途的工作，有的人则长期待业，一直无法找到合适的工作。

于是，当跳槽高峰期到来的时候，很多人陷入了迷惘之中：是坚守现在的工作，还是尝试一下跳槽？

韩磊从大学毕业开始就在这家公司工作，已经足足两年的时间了，同班同学中，只有他一个从来没有换过工作，其他人少则换了两三个，多则换了七八份工作了。其实，韩磊也不是不想换工作，只不过，他认为这家公司的待遇还不错，而且自己也能从工作中学到想学习的东西。然而，这一年，他终于忍受不住了，选择了跳槽。

韩磊大学同宿舍的一哥们，在年初的时候换了一份工作，待遇比以前高了两倍。这大大刺激了韩磊。他认为自己已经有了两年的工作经验，比之哥们断断续续的工作经验有优势，连他都能找到这么好的工作，自己一定也可以。于是，他毅然决定辞职，虽然他的顶头上司也找他谈过，可他就是坚持要辞职。

辞职以后，韩磊尝试着向那些薪水高、职位高的工作投简历，可每一次都石沉大海。于是他只能一再降低要求。终于有一家公司给了他面试的机会，可是这家公司的待遇和原来的公司几乎没有什么区别。

在新的工作岗位上，韩磊成了一名"新人"，工作起来经常提不起劲，他就是不明白，为什么自己的跳槽会失败？到底什么时候跳槽是合适的时机？

谁都希望通过跳槽让自己得到进一步的提升，可是却并非人人都能做到这一点。跳槽能否成功，与很多因素有关，如果我们忽略了这些因素，盲目地跳槽，跳槽失败的可能性就会非常大。那么在跳槽之前，我们应该考虑哪些问题呢？

首先，明确自己处在职业发展的哪个时期。人的职业生涯可划分为成长、探索、创新、维持和衰退五个发展阶段。职业稳步发展之前的时期就是探索，职业探索期持续的时间为1到5年，这个阶段是不适合跳槽的。

在这个阶段里，我们对于自己所从事的行业并没有精深的了解，即使跳槽也无法获得更好的职位，反而会拉长自己的职业探索期，耗费成本。当然，这种说法也不是绝对的，在工作中出现了以下三种情况，也可以考虑跳槽。

第一，对现在的工作确实没有任何兴趣，而且在经过努力后，依然无法对其产生兴趣。

第二，所学知识与工作相差很大，学非所用。

第三，所从事的行业本身正在衰落。

其次，明确跳槽的目的。大多数情况下，我们跳槽是为了获得更高的薪水，然而更高的薪水未必会对我们未来的发展有好处。对于年轻人来说，从着眼于长期的发展来看，注重未来的发展比高薪水更加有意义。

根据职业生涯发展理论，职业生涯的提升分为内职业生涯提升与外职业生涯提升两类。内职业生涯提升主要指技术能力、待人接物的经验等自身的提升，而外职业生涯提升指的是薪水、福利、职位等外在认可度的提升。这两者在跳槽的时候，往往会出现矛盾。比如，当你在人事上已经工作了五六年，且对这个行业有相当的兴趣的时候，突然有人给你更高的薪水，让你去从事金融行业。这个时候，你最好是不要跳槽。因为在人事行业，你已经具备了广泛的资源和突出的能力以及充足的经验，正是到了厚积薄发的时候，如果你在这个时候选择跳槽，你将失去人生最重要的机会。

以上所讲的都是在跳槽的时候转行需要注意的问题。除了转行以外，行业内的跳槽也经常发生在我们身上。然而，即使是行业内的跳槽，我们也需要注意以下几点，否则会越跳越低。

第一，选择适当的跳槽时机。跳槽时机的选择非常重要，如果你在招聘的淡季跳槽，那么你可能会为新的工作耽误几个月的时间，得不偿失。

第二，给自身客观的评价。跳槽之前，我们一定要明确自己确实具备了跳槽的能力，如果自己还不具备跳槽的能力，离开了现有的工作岗位，恐怕很难寻找到更好的工作。

第三，有新的求职目标。跳槽应该是有准备的，如果你纯粹是为了跳槽而跳槽，跳槽必然会失败。在跳槽之前，我们应该明确自己的求职目标，比如，薪水、职位等。

"生"还是"升"

对于女性来说，职业发展与家庭似乎是一对不可调和的矛盾，在这样一个竞争残酷的年代，职场女性既想做一个女强人，又想做一个贤妻良母似乎是困难的，生育问题是横在其中的最大障碍。有的时候，职场女性必须要拿出勇气做个选择：是生个孩子，还是升职？

做母亲是女性的天性，然而在瞬息万变的职场，生一个孩子也许就意味着放弃升职的机会，在这样的矛盾下，女性必须做出选择：是为了事业发展牺牲孩子，还是为了孩子牺牲事业发展？

李嫣是一名医生，她25岁结婚，在结婚的时候，她就和丈夫商量好，到30岁的时候再要孩子。当时她认为，到了30岁的时候，自己的事业已经稳定了，那个时候正好安安稳稳地要个孩子。可是，事实却和她想的不一样，已经 29 岁的她还在为自己的事业打拼。激烈的竞争依然让她时时感觉喘不过气来，每天她都一丝不苟地完成自己的工作，生怕出现什么差错。为了工作，她连休闲的时间都没有，更不用说生孩子了。

现在，她们医院的竞争甚至到了白热化的程度，人人都想往上爬，只要她选择生孩子，这么多年打拼换来的科室主任的位置只怕立刻就没有了。而且为了不让底下的人超越，她现在还必须不断地进修。

可是，眼看 30 岁就要到了，不生孩子似乎也说不过去。作为医生的她也知道，女人超过 28 岁生孩子，就已经错过了生孩子的最好时机。虽然丈夫并没有催促她，可是她自己心里也隐隐约约地感觉不安。

此时的李嫣非常矛盾。她本身是一个非常传统的女性，生孩子对于她来说，是人生必不可少的一部分，可是面对来自事业上的压力，她真的犹豫起来了。

对于女性来说，事业发展的高峰与生育的时间总是重叠在一起的，正在她们豪情万丈，准备大展拳脚的时候，生育问题已经到来。如果她们选择生孩子，之后再回职场拼杀，也许她们之前所有的努力都会付诸东流。可是如果选择事业，没有孩子的缺憾会伴随她们的一生，甚至会因此而影响她们的婚姻。

刘佳已经 36 岁了，可是还没有孩子。她不是时下非常流行的"丁克"一族，只是为了工作而放弃生孩子的一个人。此时的她非常后悔，认为自己不应该为了事业而放弃了生孩子。因为没有孩子，她和婆婆、老公的关系越来越差，而她自己看着别人的孩子，心里也非常难受。可是当初的几次流产已经让她失去了生育的能力。

当初，她怀孕的时候，事业正处在上升的时期，为了不影响自己的工作，她狠心打下了孩子。当时她的想法很简单，等自己的事业差不多了，就生孩子。可是等到她真的拥有事业的时候，才发现自己的习惯性流产已经造成了不育。

对于女性来说，事业和孩子就像是天平的两端，都应该顾及到。女性的人生轨道并不是单轨，而是双轨并行。只有顺利地在两个轨道上进行自如的转换，该忙事业的时候忙事业，该生孩子的时候生孩子，才能书写美好的人生，才是真正的女强人。

做"鸡头"还是做"凤尾"

在职业发展中，存在着关于"鸡头"和"凤尾"的论调。有的人认为只有做"鸡头"才能体现出自己的价值，让自己的才能得到充分的发挥；也有的人认为只有做"凤尾"才能拥有广阔的平台，取得更大的发展。事实上，"鸡头"和"凤尾"代表的是我们所处的两种不同的位置，反映出的是两种不同的成才观念，究竟做什么对我们的发展有利，则需要根据各自的情况进行判断。

任何事物都具有两面性，当"鸡头"或当"凤尾"也是如此。当"鸡头"有自主权，可以决定自己要做的事情，不受他人的限制，从中获得极大的满足感。但是，当"鸡头"也并不意味着可以养尊处优，而是必须认真地工作，为公司创造效益。在职场激烈的竞争中，当"鸡头"要承受相应的压力，也有随时被人挤下来的风险。

当"凤尾"虽然会让自己显得微不足道，但是"大树底下好乘凉"，起码不用担心生存问题，压力也会较小。而且即使是当"凤尾"

也会因为凤本身而产生一种优越感。而且"凤尾"也不会永远都是"凤尾"，只要自己有能力、有本事，也有机会获得提升，甚至有朝一日，能够成为"凤头"，那时和做"鸡头"的可是不可同日而语了。

王强毕业于一所名牌大学，因此刚开始择业的时候，他选择了一家世界五百强的公司，过五关、斩六将之后，他顺利地入职。在接到入职通知的那一刻，王强非常高兴，他似乎看到了一片光明的未来。

可是，当他真正参加工作的时候才发现，一切和他想象的根本不一样。在这家大公司里，人才济济，能力比他突出的人比比皆是，和他差不多的人更是数也数不过来。无论他多么努力，也没有获得过任何人的关注。在这家公司，他感觉到了前所未有的孤寂。在坚持了一年之后，他下定决心要离开这家公司，因为他已经预感到，再这样下去，他的人生将会在这家公司浪费掉。于是在众人不解的目光中，他毅然辞职。虽然他身边的人都为他感到惋惜，但是他自己却认为自己寻找到了另一片天空。

凭借着在世界五百强企业工作一年的经历，王强顺利地在一家普通的公司找到了一份不错的工作。这家公司的人不多，而他正是其中最优秀的人之一，很快，他就被发现和重视了。半年以后，他顺利地升职，成了公司的一个小领导。随着升职，他参与了更多的工作，得到了更多锻炼的机会。在这家公司里，王强感受到了前所未有的满足，不仅在工作和待遇上有了很大的提升，而且在工作中接触到了很多他从来没有接触过的东西。

几年以后，王强成了老板的助手。当他熟悉了这个行业的发展情况的时候，王强提出了离职，创办了属于自己的公司。

其实，做"鸡头"还是做"凤尾"，不是最重要的，重要的是怎样才有利于自己的发展。所以，在职业选择中，我们不应该拘泥于"鸡头"或者"凤尾"，而应该灵活地转换角色。

在职业选择的过程中，我们也许都会有面对是做"鸡头"，还是做"凤尾"的时候。那个时候，我们必须结合自身的状况进行选择。假如我们本身有很强的能力，可以通过做"凤尾"逐渐变成做"凤头"，不妨坚持下去。假如我们只是一个普通的人，那么就没有必要去做"凤尾"。做"凤尾"固然是值得骄傲，但是做一个被忽视的"凤尾"毕竟是对职业发展没有任何好处的。

总而言之，职业发展是一个长期的过程，在这个过程当中，我们必然是要面临多次的选择，做"鸡头"还是做"凤尾"要根据自己职业发展的状况以及个人在不同时期的能力进行选择。只有不拘泥于"鸡头"和"凤尾"，才能在这两者之间自由转换，获得职业发展的成功。